高等教育
艺术设计专业
系列教材

室内空间手绘艺术
思维与表现

SHINEIKONGJIAN
SHOUHUIYISHU
SIWEI
YU
BIAOXIAN

编著
周长亮
庄 宇
孟现凯

东华大学出版社
·上海·

图书在版编目（CIP）数据

室内空间手绘艺术思维与表现 / 周长亮，庄宇，孟现
凯，编著. --上海：东华大学出版社，2017.1

ISBN 978-7-5669-1135-3

Ⅰ．①室… Ⅱ．①周… ②庄… ③孟… Ⅲ．①室内装
饰设计-绘画技法-高等学校-教材 Ⅳ．①TU238

中国版本图书馆CIP数据核字（2016）第233907号

责任编辑：赵春园
封面设计：戚亮轩

室内空间手绘艺术思维与表现

编　　著：周长亮　　庄　宇　孟现凯
审　　定：周长积　　姜　昆
参　　编：曹胜慧　李晓雯
出　　版：东华大学出版社（上海延安西路1882号，邮编：200051）
本社网址：http://www.dhupress.net
天猫旗舰店：http://www.dhdx.tmall.com
营销中心：021-62193056 62373056 62379558
印　　刷：深圳市彩之欣印刷有限公司
开　　本：889mm×1194mm　　1/16
印　　张：7.25
字　　数：255千字
版　　次：2017年1月第1版
印　　次：2017年1月第1次
书　　号：ISBN 978-7-5669-1135-3
定　　价：45.00元

序 言

根据国家"十三五"规划和教育部教学大纲精神，"室内空间手绘艺术思维与表现"是高等学校本科阶段环境设计专业基础应用实践教学课程之一。本书主要包括以下内容：第一章，空间思维篇；第二章，基础训练篇；第三章，线稿表现篇；第四章，空间着色篇；第五章，综合实训篇。

本书的特点是：在掌握环境艺术设计基本理论和绘画艺术的基础上，学习室内空间透视图画法，以及空间造型与色彩训练，完整地表现出建筑室内空间的造型与色彩设计效果，最终掌握手绘艺术的思维与表现技能技法。注重对学生动手能力的培养，临摹与技法层层递进，并选编了部分优秀作品以供欣赏。教学计划为48～60课时。

本书经过编者多年的应用实践和教学总结撰写而成，理论讲解、步骤清晰，采用实用技法与艺术表现相结合。另外，还选录了部分国内外经典的手绘案例，增强了本书的欣赏与研究价值。本书是高等院校建筑环境设计、室内设计、景观设计及其他专业不可缺少的教学用书，也可作为高职教育培训和施工人员的参考用书。

本书参加编写的学校单位有：山东师范大学美术学院、山东英才学院富达学院、山东富达装饰工程公司和山东昌祥装饰工程公司。

全书由山东师范大学美术学院周长亮教授统稿。在编写过程中，得到了丛书专业指导委员会专家的大力帮助，在此谨表示衷心感谢。特别感谢山东师范大学美术学院设计艺术学环境设计方向的研究生郭珍珍、晋景、刘旭、王勇、孟翔、戴宇航、王薪然等。

编　者

2016年10月于济南

目　录

第四章 空间着色篇

第五章 综合实训篇

第一章 空间思维篇

第一节 空间设计手绘表现的发展概况

一、空间设计手绘效果图的历史溯源及变迁

现代空间设计手绘效果图是由西方建筑设计中的建筑画演变而来的。

建筑画出现在欧洲中世纪晚期的意大利。20世纪50年代，国内各大建筑院校、建筑设计院、建筑部门仅仅称其为透视图、轴侧图或渲染图。此时，全国高等建筑院校已逐渐形成规模，如"建筑老八校"当中的南京工学院、清华大学、天津大学、同济大学、哈尔滨建工学院、重庆建工学院、西安冶金建工学院、华南工学院等建筑院校，开始在建筑方案设计中应用实践。随后逐步发展壮大起来，尤其是改革开放以后，受当时我国香港地区的钢笔淡彩画法、日本的水粉画法、美国的马克笔画法等的影响极大。

20世纪80年代初到90年代，随着建筑设计、室内设计等环境艺术装饰工程建设项目的增加，丰富多彩的效果图表现技法层出不穷，这一时期是中国手绘艺术效果图表现的鼎盛时期，表现写实的、装饰的，中国传统绘画的用笔、用材、用具等如八仙过海，各显神通。

20世纪90年代中后期，随着计算机辅助设计的出现，设计师逐步从绘图中的一些重复劳动中得以解放出来。科学、准确的电脑设计崭露头角，带给设计师极大的效益与方便。

但是，一些千篇一律的重复画面也带来负面作用，建筑环境艺术的艺术性时常困扰着人们。的确，从某种意义上讲，电脑设计取代不了手绘艺术效果图的艺术性、欣赏性和价值审美观念。

二、空间设计手绘效果图的发展前景

当今是图像和信息的时代，人们的生活好像已经完全被图像和信息所包括，也企图完全依赖它们所生存着。在这种局面下，我们必须要重新审视绘画及其他表现艺术在人们生活中的价值和地位，也要重新认识作为以服务于设计为己任的设计手绘。

传统空间手绘效果图可拓展成新的绘画种类。传统手绘效果图虽然受到时代的影响逐渐淡出设计表现市场，但如能改变思路顺应时代的发展，以展现空间场景的独特艺术风貌为目标，多方面地吸收相关艺术营养，可以将其拓展成为新的绘画种类，从设计角度看它是卓越的设计作品，从艺术角度看它是高品位的绘画作品。手绘效果图的快捷表现技法将被赋予更高的艺术要求。

快速表现技法从出现到普及历时较短，最引人注目的是其技术层面的快捷、简洁的技法优势，但也因此出现了按照已有套路展开绘画步骤和进行技法表现的现象，快速表现技法被套路化、快餐化。今后的快速表现将被赋予更高的艺术要求：从技法上要求对空间物体进行概括和典型化的处理，画面重点突出；在表现内容上，选择最佳的表现视角、最适合的构图方式、最生动的环境色彩气氛来创作表现最重要的物体；画面效果应因人而异，或粗犷，或细腻，或讲求细节处的精致，或展现整体感的简约，展现出独特的个性化艺术魅力。

第二节 空间设计手绘表现价值与影响

手绘是传统绘画艺术语言的一种表现形式，是表现和再结合的艺术，在如今的设计领域有更为广泛的应用。空间手绘艺术表现是指设计师运用纸、笔等工具和媒介，徒手将三维空间的设计理念和思维在二维平面上迅速表现的过程。

在今天，计算机辅助软件众多，为何还要用到手绘艺术呢？

三维软件快速发展，Auto CAD、3D Max及其插件等一系列电脑辅助设计软件层出不穷，它的快捷性、科学性使计算机辅助设计受到了大多数设计师的青睐。在不断享受科学技术为行业所带来的"乐趣"的同时，懒散、浮躁、肤浅、抄袭等习性在设计师和他的设计方案上表现得日益明显。随之而来的是自身多种能力和专业素养的渐渐丧失，计算机辅助设计不但没有起到很好的辅助作用，反而限制了设计师的思维和工作发展的出路。那么，如何才能打破运用计算机辅助软件带来的不利影响和恶性循环呢？

有的设计师曾经这样定义设计。所谓设计，指的是把一种计划、规划、设计、问题解决的办法，通过视觉的方式传达出来的活动过程，他的核心内容包括三个方面：（1）计划、构思的形成；（2）视觉传达方式，即把计划、构思、设想、解决问题的方式传达出来；（3）计划通过实施后的具体应用。

从以上这段话我们可以得出：在设计领域，设计的灵感来自于头脑，来自于思想撞击之后产生的灵感和激情；设计的核心是创造性的思维方式，其次才是手段。而手绘表现正是设计灵感及时、快速、有效表达的最佳方式。同时，在进行手绘的过程当中，手绘的草图画面又会反馈到大脑当中，激发更多更新的灵感和理念，调动更高的热情和智慧，引发大脑的激荡，于是大脑和手的绝佳配合，产生了无数优秀的设计方案和设计师（图1-1）。

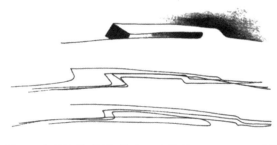

图1-1 建筑设计草图/扎哈·哈迪德

作为世界最著名的三大歌剧院之一，悉尼歌剧院的像帆又似贝的建筑外形，成了澳大利亚的象征和骄傲。如果没有手绘草图记录年轻的丹麦建筑师约恩·伍重的灵感，那么就不会有如今震撼人心的悉尼歌剧院。1957年，当约恩·伍重用他手绘的悉尼歌剧院草图，在国际设计大赛的233件作品中脱颖而出并付诸实施后，他震惊了世界（图1-2）。

由此可见，好的手绘是将设计师的创意理念快速、完整地表达出来的一种绝佳方式。作为在校大学生，学好手绘对以后的设计和实践都至关重要。好的手绘表达是一项优秀设计的开始。

室内设计是一门随着时代的发展从建筑学派生出的专业，因此其现代手绘艺术效果图是与建筑设计创意紧密相连的，手绘艺术效果图的表现技法是设计方案的一种表达形式。用绘画的方法简练概括的绘制效果图，是一种简便、快捷的呈现方法。而

图1-2 悉尼歌剧院草图，流畅的线条勾勒出了歌剧院的流动性和浪漫色彩/约恩·伍重

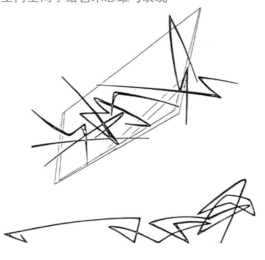

图1-3 建筑大师扎哈·哈迪德的建筑构思草图

图1-4 建筑大师门德尔松用快速、果断的线条勾勒出百货楼的外观方案草图

这种技法要求绘图者要具有较高的绘画水平，对空间尺度感要有相当敏锐的捕捉能力，所表现出来的设计方案作品具有艺术感染力。这应是手绘艺术效果图的基本特点和明确目的（图1-3、图1-4）。

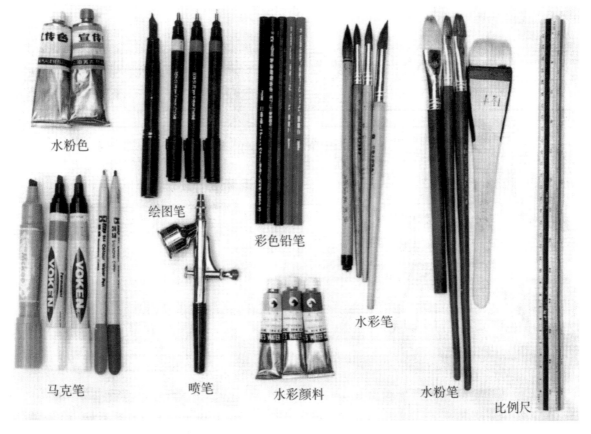

水粉色　　绘图笔　　彩色铅笔　　水彩笔
马克笔　　喷笔　　水彩颜料　　水粉笔　　比例尺

图1-5 通用绘制工具

第三节 空间设计手绘常用工具与画法

工欲善其事，必先利其器。在手绘的学习和表现当中也是这样的，一种好的、适合自己的工具往往会带来事半功倍的效果。因手绘的绘画方法多种多样，其运用的工具也非常繁杂（图1-5）。下面，我们就几种常用的画法及其所运用的工具进行简单介绍。

一、工具

1.纸

手绘用的纸特别多而杂，一般市面上的各类纸都可以使用。使用时可根据自己的需要而定。但是太薄、太软的纸张不宜使用。一般纸张质地较结实的绘图纸，水彩、水粉画纸，白卡纸（双面卡、单面卡），铜版纸和硫酸纸等均可使用。市面上有进口的马克笔纸、插画用的冷压纸及热压纸、合成纸、彩色纸板、转印纸、花样转印纸等，都是绘图的理想纸张。 但是每一种纸都需配合工具的特性而呈现不同的质感，如果选材错误，会造成不必要的困扰，降低绘画速度与表现效果。例如，平涂马克笔不能在光滑的卡纸和渗透性强的纸张上作画。

2.笔

铅笔——种类齐全容易把握，不但是素描绘画中的常用工具也是设计草图中的常用工具，可以利用运笔角度的多变性产生生动线条，因其具有方便修改的特点，常用来对设计的细部进行刻画勾勒，以及塑造空间的虚实明暗变化。

草图笔——现在市面上有一些笔专门运用于勾勒设计方案草图，运笔流畅，线条明确，黑白分明，可根据作画要求进行选择。

钢笔——质坚，线条表现流畅，画风严谨细腻。在透视图的表现中，除了用于淡彩画的实体结构描绘外，也可单独使用。

美工笔——借助笔头倾斜度制造粗细线条效果的特制钢笔，被广泛应用于美术绘图、硬笔书法等领域。它能像钢笔一样书写汉字、数字和字母。也能使用它设计美术作品，把笔尖立起来用，画出的线条细密；把笔尖卧下来用，画出的线段则宽厚，可粗可细，非常灵活。

3.尺子

在绘制工程图时，需要一定的绘图尺作为辅助工具。常用的绘画用尺主要有两种：一种是直线尺，包括直尺、三角板、丁字尺、比例尺、三角板、槽尺等，直线尺作为基本的绘图工具，使用较广泛；一种是曲线尺，包括蛇形尺、曲线板等。

（1）丁字尺——又称T型尺，由互相垂直的尺头和尺身构成，是画水平线和配合三角板作图的工具。丁字尺一般有600mm、900mm、1200mm三种规格。其正确使用方法是：

①应将丁字尺尺头放在图板的左侧，并与边缘紧贴，可上下滑动使用。

②只能在丁字尺尺身的上侧画线，画水平线必须从左至右。

③画同一张图纸时，丁字尺尺头不得在图板的其他各边滑动，也不能用来画垂直线。

（2）界尺——有台阶式和凹槽式两种，通常是效果图着色不可或缺的绘图工具，它能使线条保持平直挺拔。

（3）握笔——右手握两支笔，一支为蘸上颜料的水粉笔或叶筋笔，笔头向下，另一支笔头向上，笔杆向下，顶部抵靠在界尺上。

（4）运笔——左手按尺，右手的拇指、食指、中指控制画笔，距尺约6~10mm处落笔于纸面，中指、无名指与拇指夹紧笔杆，由左向右沿界尺均匀用力移动（图1-6）。

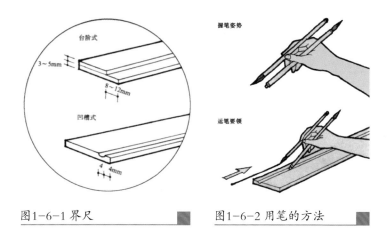

图1-6-1 界尺　　　　　　　　图1-6-2 用笔的方法

二、主要表现方法及专用工具

手绘图有多种不同的表现方法：黑白线稿表现、彩铅技法、马克笔技法、水彩技法、水粉技法以及线稿与电脑处理技法等。学习和掌握不同形式、不同材料的表现技法，熟练运用各种绘图工具是表达室内空间设计的重要内容。

1. 黑白线稿表现

所谓线稿表现，就是指通过钢笔、绘图铅笔、美工笔等工具媒介来绘制线条，组成形体，表现设计思路的方法，这种方法是设计前期创作和勾勒设计草图阶段最常用的表现方法。在绘制时，应注意运笔，分出轻重、粗细、柔和等，与表达对象属性相符，如坚挺有力的空间结构线，柔和轻缓的丝织物线条等。线稿的表现要注意两方面的问题：首先要注意画面远近关系的虚实对比，没有虚实对比就没有空间感，远处的物体少刻画，甚至不刻画，而近处的物体要表现得深入些；其次是画面的黑白灰关系，通过明暗对比，使表现对象立体感强烈，结构更加鲜明（图1-7、图1-8）。

图1-7 黑白线稿表现，济南老火车站建筑立面展开图/周长亮

图1-8 黑白线稿表现，苏州民居、园林、室内家具/周长亮

图1-9 彩铅效果图

2. 彩铅技法

彩铅技法备受设计师的喜爱，主要因为它具有方便、简单、易掌握等特点，运用范围广、效果好，是目前较为流行的快速表现技法之一。彩铅最适合处理画面中的细节，如灯光的过渡、材质的纹理表现等，另外因其颗粒感强，对于光滑质感的表现稍弱，如玻璃、石材、亮面漆等。使用彩铅作画时要注意空间感的处理和材质的准确表达，避免画面太艳或太灰。彩铅最适合用于概念效果图的表现，常与马克笔结合使用，起到过渡和调节画面冷暖的作用（图1-9）。市面上常用的彩铅品牌有马可、辉柏嘉、捷克等。

3. 马克笔技法

马克笔表现方法就是以马克笔作为主要绘画工具，表现手绘创意的方法。马克笔是一种用途广泛的工具，它具有使用方便、速干、着色简单、作画速度快、色彩明快通透、笔触效果丰富等优点。它已成为建筑、室内、景观等各个领域的设计师所必备的工具之一。马克笔分为油性和水性两类。使用较多的马克笔品牌有韩国TOUCH和美国三福等。

（1）水性马克笔

水性马克笔没有浸透性，遇水即溶，绘画效果与水彩相同。水性马克笔与水溶性彩铅、水彩等具有较好的融合性，可以搭配使用。

（2）油性马克笔

油性马克笔具有浸透性，挥发较快，具有附着力强等特点，如在玻璃、塑胶表面等都可附着，具有广告色及印刷色效果。

水性和油性的马克笔浸透情况不同。因此在作画时必须仔细了解纸与笔的特性，相互照应，多加练习，才能得心应手（图1-10）。

图1-10 马克笔表现效果，色调简洁明快、笔触丰富/庄宇

图1-11 水彩表现，画面整体、协调，色彩高雅透明 /庄宇

4. 水彩技法

水彩画的主要工具有三种：水彩笔、水彩颜料和水彩纸。水彩画效果淡雅、层次分明、结构表现清晰，适于表现结构变化丰富的空间环境。水彩的色彩明度变化范围小，画面效果不够醒目，作画费时较多。其技法有平涂、叠加及退晕等形式。

用水彩表现效果图时，可先淡后深，先亮后暗，分出大的体面、色块，采用退晕和干湿画法并用的形式，色彩表现要淡、薄，注意留出其亮部的转折面和造型轮廓。

透明水彩的颜色明快鲜艳，比水彩色更为透明清丽，适于快速表现。由于透明水彩涂色时叠加渲染的次数不宜过多，而色彩过浓则不易修改等特点，一般多与其他技法混用。如钢笔勾线淡彩法、底色水粉法等。透明水彩在大面积渲染时要将画板适当倾斜。此种技法表现工具简单，操作方便，画面工整而清新自然。

（1）用碳素钢笔或墨水笔画好工整的线稿，待干后直接在墨水稿上渲染水彩色，以平涂法分出大的色彩块面。

（2）用铅笔画出工整的线稿，再用水彩平涂法分出大的色彩块面。

画局部也宜用平涂法。如果是铅笔线稿，则待画面干后再用直尺和针管笔将线条勾勒一遍。天空、门窗、树木等可用马克笔表现，使色彩更丰富、协调（图1-11）。

5. 水粉技法

水粉色的表现力强，色彩饱合浑厚、不透明，具有较强的覆盖性能，以白色来调整颜料的深浅度，用其色的干、湿、厚、薄等表现技法能产生不同的艺术效果，适用于各种空间环境的表现。使用水粉色绘制效果图，绘画技巧性强，由于色彩的干湿变化大，湿时明度较低，颜色较深，干时明度较高，颜色较浅，掌握不好易产生 "粉""生""怯"的毛病。

绘制效果图时，可先从其暗部画起，用透明色来表现。一般画面中物体明度较高的部位，用透明色表现效果较佳。刻画时要按素描关系表现物体的形象，注意留出高光部位。再用水粉色铺画大面积中性灰色调的天顶与地面，画时适当显见笔触，这样，会加强其生动的视觉效果。最后，进行进一步刻画，用明度、纯度较高的色彩表现画面中色调的层次和点睛之笔（图1-12）。

图1-12-1 水粉表现/庄宇

图1-12-2 水粉表现/周长亮

6. 线稿与电脑处理技法

手绘黑白线稿与电脑处理相结合的方式主要有两种：一是完成空间的大结构线，然后通过电脑拼贴一些平时积累的手绘素材，如家具、装饰品等；另一种方法是画出详细的结构线，然后用Photoshop喷色，来表达空间材质质感与光影效果。这两种方法都很快捷，在实际设计工作中都很实用（图1-13）。

图1-13 黑白线稿与电脑处理相结合的表现手法，省时且画面效果突出/周长亮

第四节 空间设计手绘表现法则与要素

一、手绘艺术表现法则

手绘图作为设计方案的一个重要的表达方法，反映了空间的创意理念，是项目施工的重要参考。因此，手绘图应该遵循三个基本的法则：科学性、艺术性和应用性（图1-14）。

1. 科学性

科学是一种严谨的态度，也是一种方法，透视学与阴影透视的规律是科学，光与色的自然变化规律也是科学，建筑空间形态的比例、构图的均衡、干湿程度的把握，绘图的材料、工具的使用选择等也都包含科学道理。

手绘图中整体空间的透视关系，以及经常出现的界面，如家具陈设摆放、空间关系层次等都要严格遵循透视规律。为了保证效果图的真实性，避免绘制过程中出现随意或曲解，必须以科学的态度对待画面表现上的每一个细节。无论是起稿、画图、着色或是对光影的处理，都必须遵从透视学和色彩学的基本规律与基本规范去画。这种程式化的理性处理过程往往起初是枯燥乏味的，但潦草从事的结果却是欲速则不达。用科学的态度对待一切，带给我们的将是成功的欣喜，正所谓苦中有乐，方能乐在其中。

当然也不能把严谨的科学态度看作一成不变的教条，当你熟练地驾驭了这些科学的规律与法则之后就会完成从必然王国到自由王国的过渡，就能灵活地而不是生搬硬套的运用，且创造性地而不是随意地完成设计效果图的表现。对此，笔者经过多年的制图与工程应用实践中，深有体会。

2. 艺术性

手绘效果图是一种科学性较强的工程方案图，同时也是一幅具有较高艺术品位的绘画艺术作品。手绘图中严谨的透视关系、准确合理的形体结构穿插体现了科学理性之美；完美的构图、潇洒流畅的线条、丰富而又协调的色彩色调、点线面的对比穿插又体现了手绘图的感性之美。

一幅表现图艺术性的强弱，取决于作者本人的艺术素养与气质。不同手法、技巧与风格的表现图，充分展示了设计师的艺术素养。每个设计师都要注重自身美术功底的加强，用艺术的语言去阐释、表现设计的艺术效果，赋予空间想象的艺术魅

图1-14 把握科学的透视关系是画好手绘图的基础

力，提升手绘图的艺术性。

在绘画方面的素描、色彩训练，构图知识，质感、光感的表现上和空间气氛的构造，点、线、面构成规律的运用，视觉图形的感受等方法与技巧必然大大地增强表现图的艺术感染力。在真实的前提下合理地概括、适度地夸张与取舍也是有必要的。选择最佳的表现角度、最佳的光色配置和最佳的环境气氛，本身就是一种在真实基础上的艺术加工与创造，这也是设计师表现艺术的进一步深化（图1-15）。

3.应用性

应用是指在应用于具体设计项目上的预想效果图设计。设计效果表现图（也称设计预想图）是整体工程图纸方案中的先行，它是通过绘画手段直观而形象地表达设计师构思意图和设计最终效果的，因而，对于如何实现，也应充分地考虑其材料选择与做法构造的可能性，并且自始至终地贯穿于整个创意、方案、施工图的各个阶段。

综上所述，一幅优秀的手绘工程图应遵循以上三个基本原则，正确认识和理解它们之间的相互作用与关系，在不同情况下有所侧重地发挥它们的效能，对我们学习手绘工程图表现是至关重要的一个环节。

二、建筑制图国家标准的基本规定

制定建筑制图国家标准是为了统一房屋建筑制图规则，保证制图质量，符合设计、施工、存档的要求，适应工程建设的需要。对我们手绘工程草图，同样也具有一定的指导意义。绘制工程草图要符合一定的制图规范。

1.图线

工程制图中，每一条图线都有特定的标注含义和作用，绘制正式工程图时必须按照制图标准的规定，正确使用不同的线型和不同宽度的线。徒手绘图时，同样也要用正确的线型进行工程草图的标注。

图线的形式有实线、虚线、长划线、折断线等，其中每个线型又有粗细之分。线型及其粗细的不同，所表示的含义和用途也各不相同。不同线型的用法和线宽比例如表1、表2所示。

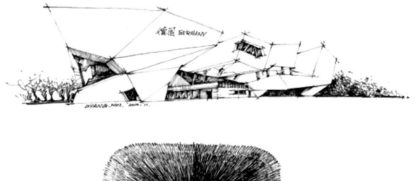

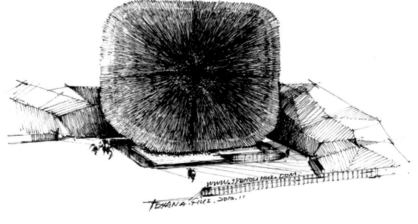

图1-15　手绘上海世博会英国馆/欧阳辉

名 称		线 型	线 宽	一般用途
实线	粗	——————	b	主要用于可见轮廓线 剖面图中被剖切部分的轮廓线
	中	——————	0.5b	可见轮廓线 剖面图中未被剖切，但能看到而需要表示出的轮廓线 尺寸标注的尺寸起止符号
	细	——————	0.25b	尺寸界线、尺寸线、索引符号的圆圈、引出线、图例线、标高符号线
虚线	粗	- - - - - -	b	见各有关专业制图标准
	中	- - - - - - -	0.5b	需要画出的不可见轮廓线
	细	·········	0.25b	不可见轮廓线、图例线
单点长画线	粗	—·—·—·—	b	结构图中梁或构架的位置线或其他特殊构件的位置指示线
	中	—·—·—·—	0.5b	见各有关专业制图标准
	细	—·—·—·—	0.25b	中心线、对称线、定位轴线等
双点长画线	粗	—··—··—	b	见各有关专业制图标准
	中	—··—··—	0.5b	见各有关专业制图标准
	细	—··—··—	0.25b	假想轮廓线、成型前原始轮廓线
折断线		——/\——	0.25b	断开界线
波浪线		∿∿∿∿	0.25b	断开界线
加粗的粗实线		——————	1.4b	需要画得更粗的图线，如建筑物或构建物地平线，路线工程图中的设计线路、剖切位置线等

表1 图线形式及其含义

线宽比	线宽组（mm）					
b	2.0	1.4	1.0	0.7	0.5	0.35
0.5b	1.0	0.7	0.5	0.35	0.25	0.18
0.25b	0.5	0.35	0.25	0.18	–	–

表2 图线的线宽比例

2. 字体

手绘图上书写的文字、数字或符号等，均应笔画清晰，排列整齐；符号标注清楚正确。

（1）汉字

图样及说明中的汉字，宜采用长仿宋体（图1-16），宽度与高度的关系应符合规定。

制图标准中规定字体的高度即为其字号。例如高度h为10 mm的字就是10号字。常用的文字字号有3.5、5、7、10、14、20号等。字体的宽度约为文字字高h的2/3。长仿宋字中常用的高宽比，如表3所示。

（2）阿拉伯数字

手绘图中，阿拉伯数字的规范书写方式如图1-17所示。

3. 尺寸标注

图样上的尺寸，包括尺寸线、尺寸起止符号、尺寸界线和尺寸数字。

（1）尺寸线

尺寸线应用细实线绘制，不得用其他图线代替；尺寸线应与被注长度的图线平行。图样本身的任何图线均不得用作尺寸线。

（2）尺寸起止符号

一般用中粗斜短线绘制，其倾斜方向应与尺寸界线成顺时针45°角，长度宜为2~3mm。半径、直径、角度与弧长的尺寸起止符号，宜用箭头表示。

（3）尺寸界线

尺寸界线应用细实线绘制，一般应与被注长度垂直，其一端应离开图样轮廓线不小于2mm，另一端宜超出尺寸线2~3mm。

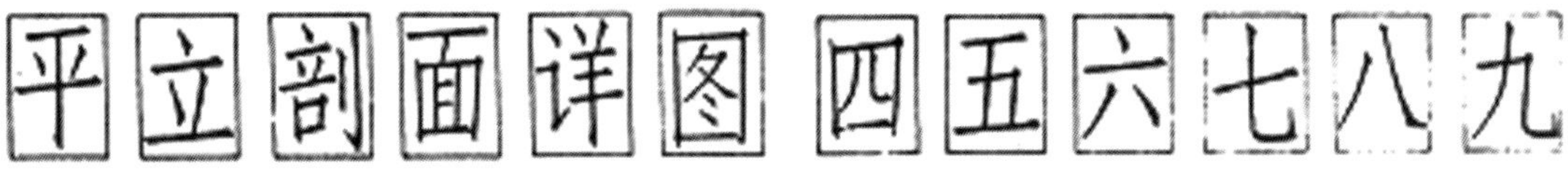

平立剖面详图 四五六七八九

图1-16 长仿宋体

字高	20	14	10	7	5	3.5
字宽	14	10	7	5	3.5	2.5

表3 长仿宋体的常用高宽比（mm）

图1-17 阿拉伯数字规范写法

（4）尺寸数字

徒手书写的尺寸数字不得小于2.5号。尺寸数字一般应依据其方向注写在靠近尺寸线的上方中部。如没有足够的注写位置，最外边的尺寸数字可注写在尺寸界线的外侧，中间相邻的尺寸数字可错开注写。互相平行的尺寸线，应从被注写的图样轮廓线由近及远整齐排列，较小尺寸应离轮廓线较近，较大尺寸应离轮廓线较远（图1-18）。

大圆、小圆、大圆弧、小圆弧、球面、角度以及弧长等的尺寸标注分别如图1-19所示。标准规定在圆的直径尺寸数字前加注符号"ø"；在圆弧的尺寸半径数字前应加"R"；角度的尺寸数字则是一律按水平方向书写的；在弧长的尺寸数字上方应加注符号"⌒"；球面的尺寸半径或直径符号前还应再加注符号"S"。

三、手绘艺术表现要素

1. 新颖的设计创意

正确地把握设计的立意与构思，在画面上尽可能地表达出设计师的目的、效果，创造出符合设计创意的最佳情趣，是学习表现图技法的首要要素。因此，必须把提高自身的文化艺术修养，培养创造性思维的能力和深刻的理解能力贯穿学习的始终。

初学者往往对形体透视的艺术和色彩的变化津津乐道，忽略了设计原本的立意和构思。这种缺少整体设计概念的手绘图，容易平淡、冷漠，既不能通过画面传达设计师的感情，也不能激发建设单位使用者的情绪。所以，画者无论采用哪种技法和手段，无论运用哪种绘画形式，画面所塑造的空间、形态、色彩、光影和气氛效果都要围绕设计的创意构思进行（图1-20）。

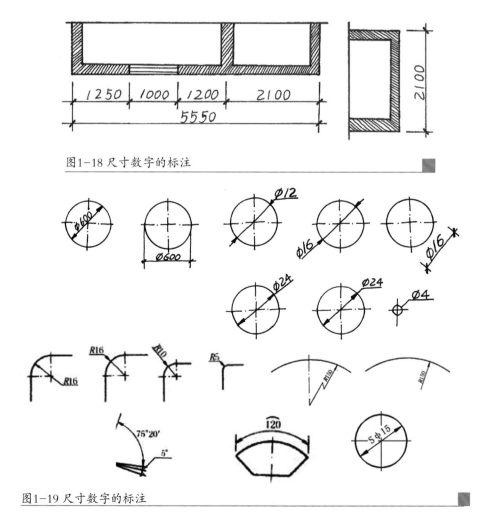

图1-18 尺寸数字的标注

图1-19 尺寸数字的标注

2. 准确的透视关系

设计构思是通过画面艺术形象来体现的，而形象在画面上的位置、大小、比例、方向的表现是建立在科学的透视规律基础之上的，违背透视规律的形体与人的视觉平衡，所表现的色彩再好也是失败的，画面透视错误就会失真，也就失去了美感的基础。因此，设计师必须掌握准确的透视求证方法，并应用其形式美的法则处理好各种造型，使画面的形体结构准确、真实、严谨、稳定。

3. 恰当的色彩色调

色彩色调的恰当处理可以很好地体现空间的氛围，提升设计的层次。在透视关系准确的形体基础之上，给予恰当的明暗与色彩，可完整地体现一个具有灵动的空间形态。人们就是从这些色光中感受到创意的灵气、形的存在、环境的氛围和空间的精神。作为一个训练的课题，同学们要注重"色彩构成"基础知识的学习和掌握；注重把握好色彩感觉与心理感受之间的关系；注重各种上色技巧以及绘图材料、工具和笔法的运用。以扎实的造型能力与光色效果去营造创意的魅力，表达内在的精神和情感，赋予手绘图以生命力。

四、手绘工程图的学习方法

手绘工程图是一个实践性较强的课程，我们不仅要掌握基本的绘图规范，更要在实践中多加锻炼。要想熟练地进行方案的手绘，需要做到"眼勤、手勤、脑勤"。

1. 眼勤

眼高才能手高。我们要多观察身边优秀的设计，提高自己的眼界。例如在逛商场购物时，多观察卖场的空间穿插、立面处理、灯光营造；多留心观看设计大师的手绘作品等。看的多了，自然设计水平就高了，表现手段也会随之提高。

2. 手勤

看到优秀的手绘作品，要快速地临摹。日常观察到的优秀设计也要勾画、记录下来。长时间的日积月累是设计者走向成功的良好基础和开端。

3. 脑勤

在手绘和设计的过程中多思考、多用脑，总结经验，提高表现能力。

在学习过程中，手、眼、脑并用，用眼观察、用脑分析、用手记录，手眼脑协同合作，提升自身设计能力。

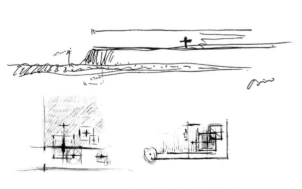

图1-20-1 水之教堂设计草图/安藤忠雄

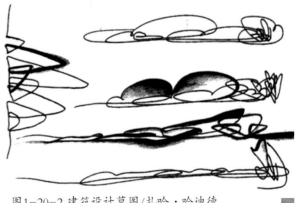

图1-20-2 建筑设计草图/扎哈·哈迪德

第二章　基础训练篇

第一节 造型从线条开始

线条是造型中的重要元素之一，线条练习是手绘表现的基础。任何设计草图都是由线条和光影组成的，线条是画面的骨架。其作用除了表现造型和物体的尺度关系、主次关系以外，还应体现出线条本身的轻重缓急、张弛有度的美感。

本书所讲的硬笔线条表现主要是探讨钢笔、中性笔、铅笔工具的运用表现。钢笔和中性笔的用笔方法大致相同，我们将其统称为钢笔画。铅笔与钢笔、中性笔的使用不尽相同，其用法与素描绘画中的用法基本一致。

一、钢笔画的表现形式

钢笔画无法像铅笔、炭笔和水墨毛笔那样靠自身材料的特点画出浓淡相宜的色调，钢笔在纸上形成的笔触深浅差距很小，在色阶的使用上也是有限的，单一线条中缺乏丰富的灰色调。因此，我们将钢笔画归于黑白艺术之列。

1. 钢笔的"语言"

钢笔画重要的造型语言是线条和笔触。在忽略了色调、光线等形体造型元素后，线条成为最活跃的表现因素。用线条去界定物体的形体、轮廓、体积、空间等，这是最简洁直观的表现形式。线条的轻、重、缓、急，笔触的提、按、顿、挫都是要认真研究的。运用钢笔画出的点、线、面的结合，能够简洁明了地表现对象，同时适当加以抽象、变形、夸张，更能丰富钢笔的表现力，使画面更具装饰性和艺术性。

2. 表现方式

（1）线描

线描是以线为主的造型方法，在东西方都有悠久的历史。线描具有简洁质朴的特点，用线来界定画面形象与结构，是一种高度概括的抽象手法。风格化的线描一般注重线的神韵，或凝重质朴，或空灵秀丽，在画面形式上线描注重线的疏密对比与穿插关系。

（2）明暗调试

由于钢笔具有不易修改的特点，运用钢笔表现时要注意对明暗基调和明暗调子对比的准确把握。物体并置一处时，两种色调的交汇处就产生了物体的内外轮廓，画面中较清晰的物体要通过一定的对比才能显现出来，对比越强烈物体越清晰。

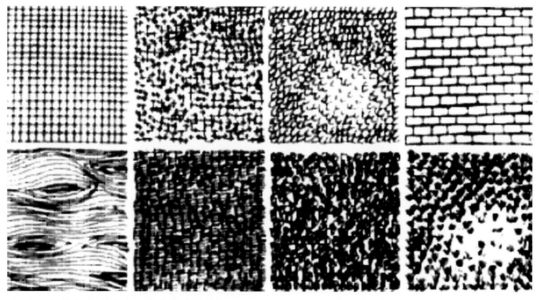

图2-1 钢笔线条中充满了丰富的感情色彩

（3）点

钢笔手绘中，不管是有意识的点还是用笔过程中产生的顿挫点，都是丰富画面的重要元素。

3. 钢笔的感情色彩

钢笔的线条非常丰富，直线、曲线、粗线、细线、长线、短线等，都有各自的特点和美感；而且线条还具有丰富的感情色彩，如直线——刚硬，曲线——柔美，快速线——生动飘逸，慢速线——稳重、力量感。钢笔线条通过粗细、长短、曲直、疏密等排列组合，可体现出不同的质感。我们在做钢笔线条练习时，要多注意体会（图2-1）。

二、线条训练的技法要领

1. 线的基础用笔（图2-2、图2-3）

2. 技法要领

（1）运笔要放松，一次一条线，切忌分小段往返描绘（图2-4）。

（2）过长的线可断开，分段再画；线条搭接易出现小点，影响线条美感（图2-5）。

（3）宁可局部小弯，但求整体大直（图2-6）。

（4）轮廓、转折处可加粗强调（图2-7）。

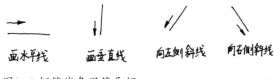

图2-2 钢笔线条用笔要领

画水平线　画垂直线　向左侧斜线　向右侧斜线

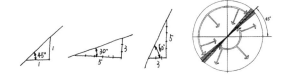

图2-3 徒手线条的基本画法和运笔方向

小贴士：握笔不得过紧，运笔力求自然，笔锋向运动方向倾斜，小手指微触纸面，并随时注意线段的终点。

图2-4 线条的运笔

图2-5 线条的运笔

图2-6 线条的运笔

轮廓线较粗

图2-7 外轮廓线

小贴士：绘制钢笔画时，受工具、材料的限制，绘制的画幅不宜过大，否则难以整体表现。选择的纸张以光滑、厚实、不渗水为好，一般绘图纸、白卡纸即可。下笔尽量一气呵成，不做过多修改，以保持线条的连贯性，使笔触更富有生命力。

三、钢笔线条训练方法

1. 徒手线条练习

用钢笔做直线、曲线以及弧线的徒手绘画训练，应注意技法要领的运用（图2-8、图2-9）。

2. 钢笔线条组合练习

用钢笔做直线条练习是钢笔画的基本功，也是较为传统的钢笔线条训练方式。运用钢笔线条的各种排列和重叠方法，表现出不同的明暗层次，产

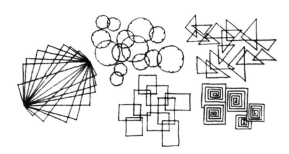

图2-10 线的组合练习

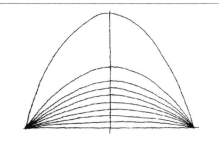

图2-8、图2-9 徒手画曲线练习

图2-11 线的组合练习

生不同的视觉效果。通过线的组合练习，尝试控制线条的水平性和垂直度，以及线条之间空隙的大小（图2-10、图2-11）。

3. 钢笔线条灰度练习

钢笔线条灰度练习也是画好钢笔画的一个重要环节。依靠线条的重叠产生的疏密变化，富有多层次的灰色调。一些自由线条组合形成的灰色调也能极大地丰富钢笔画效果（图2-12～图2-14）。

4. 钢笔线条形体练习

利用平行的钢笔线条，在平面上绘制凹进或凸出的效果，产生形体变化，如图2-15、图2-16所

图2-13 线条重叠产生的多层次灰色调

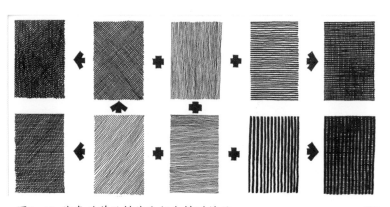

图2-12 线条的单独排线和组合排列练习

图2-14 不同线条空隙产生的丰富明暗变化

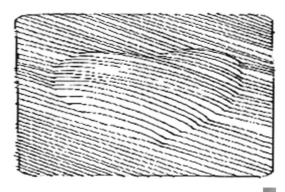

图2-15 钢笔线条形体练习

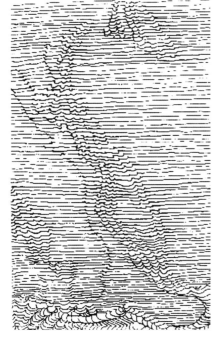

图2-16 钢笔线条形体训练

示。也可以先用铅笔画出基本形，然后用钢笔从头至尾一次画成。注意线条要连贯，中途不要断开。

四、铅笔画的表现形式

铅笔是基本的作画工具之一，它可以表现出丰富的粗细、深浅线条，以及由线条形成的面，且面的黑白灰关系十分丰富。因此，它成为常用的绘画工具之一。铅笔因描绘细致、质感塑造丰富等特点，可用作绘制最终方案的工具（图2-17）。但是，又因为其易修改、不易保存的特性，铅笔常作为设计人员绘制各种方案草图的工具，用来推敲研究方案。

作为方案构思阶段的草图，具有较多的不确定性，用铅笔表现时不应过多地拘泥于细节，用笔不能过于生硬、肯定和明确，以免束缚设计思路的发展。为此，这一阶段最好用较粗和较软的铅笔来绘制，因为较粗的线条可以使人们着眼于大局而不是细节，较软的线条更加便于之后的修改。

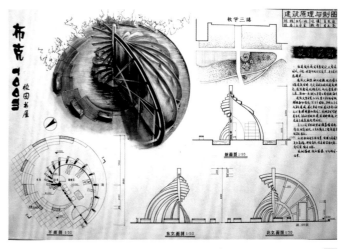

图2-17 用铅笔绘制的方案效果图/王金良

第二节 不同材料的质感表达

材料的质感具有丰富的内涵，在表现图的绘制中通过颜色的变化和线条的虚实来体现。通过了解不同材料的特性，体现材料本身的视觉美感，不同材料的质感表达对空间氛围的营造，加强人与人之间的交流具有重要的作用。

2.2.1材料质感与空间设计

材料是构成环境设计的重要物质元素，在设计过程中，空间界面、结构及各种家具陈设等，都以材料为依托，因而空间设计与材料质感的表现有直接关系。

材料具有自身的美感，是构成空间设计审美的主要组成部分。空间设计必须考虑材料质地与空间功能相符合，质感与环境氛围相适宜，以及材料之间的质感搭配、面积搭配等方面的协调。乳胶漆墙面环保简洁，泰柚板墙面豪华庄重，同样的外观结构，如果施以不同质地的面层材料，会给人带来不同的心理感受。从环境氛围方面来说，通过材料质感的情感传达，能产生一定的审美心理和视觉享受，达到心灵与空间的相互贯通。

材料之间的搭配，要考虑主要材料与普通材料的确定与控制，依据大统一、小变化的原则，进行适度的对比与协调，使空间既丰富多彩，又不失整体美感。

效果图不同于一般绘画，在本质上讲它是一种具有商业属性的产品，强调时效性。因此，对表达质感的学习，应注重规律的总结，减少对实物写生的依赖，可以用一些程式化的训练方法来学习各种材料的质感表现。在整体协调的情况下，依据氛围的总体要求，对材质的体现进行合理的、艺术的渲染，既体现其材质本身的特征，又给人以审美享受。

2.2.2材料质感的分类

1. 石质材料

石材以大理石为主，质地坚硬，表面光滑，色彩沉着稳重，纹理自然且变化丰富，呈不规则状或树枝树杈状，花纹深浅交错。对石质材料的表现大多以湿画法为主，先铺上基调，然后在半干不干的时候，用细笔勾画出自然粗细、宽窄不一的纹理。

2. 砖墙材料

在绘制砖墙时，底色不要太均匀，并有意保留光影笔触，用台尺画出砖缝的深浅阴影线，并在缝线下方和侧方画受光亮线，最后可在砖面上散一些凹点，表示砖烧泥土制品的粗糙之感。

釉面砖是一种机械化生产的装饰材料，尺寸、色彩均比较规范，表现时需注意整体色彩的统一性，墙面可用整齐的笔触画出光影效果，用鸭嘴笔表现凹缝，近景刻画可拉出高光线。

3. 木质材料

对木质材料的表现要注意：徒手勾画轮廓线并带有起伏，用硬鬃刷涂底色，对木板局部颜色加重，打破单调感，注意体面的受光、背光面的明暗深浅变化，点缀树结，加重明暗交界线和木条下的阴影线，并衬出反光，强调木纹的弧形肌理，随原木曲面起伏拉出光影线，用笔宜粗犷、大方、潇洒，体现出木板的原始朴素之感。最后，画出各木板线下面的深影，以加强立体感和整体性。

另外，还要记住多种木纹的名称及纹理特点，如红木系列紫檀木、核桃木、花梨木等，常用的水曲木、枫木、橡木、斑马文木等，如图2-18～图2-21所示。

图2-18 地面瓷砖的湿画法

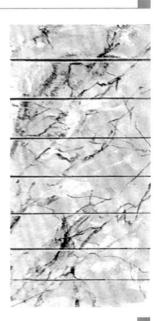

图2-19 毛石材质和抛光石材的画法

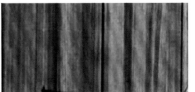

图2-20 火烧板石材和抛光石材的画法

图2-21 硬质木材（色浓水少）和
软质木材（色稀水多）的画法

4. 金属材料

金属材料的基本形态为平板、球体、圆管与方管，受各种光源影响，金属材质大多坚实光挺，为了表现其硬度，受光面明暗的强弱反差极大，并具有闪烁变幻的动感，刻画时用笔不可太死板，退晕笔触和枯笔快擦有一定的表现效果。背光面的反光也极为明显，特别应注意物体转折处明暗交界线和高光的夸张处理。

不锈钢表面的感光、反光、色彩均非常明显，仅在受光与反射光之间略显本色即可，抛光金属则几乎全部反映环境色彩，为了显示本身形体的存在，作图时可适当地表现其自身的基本色相，如灰色、铜黄色以及形体的明暗变化。

5. 玻璃

室内效果图绘制中，玻璃和镜面的表现用笔比较接近，差别主要在对光与影的表现上，玻璃及镜面都属于同一基本材质，只是镜面加了水银涂层后呈光影效果，表面产生透明与不透明的差别，对光的反应也都十分敏感和平整光滑。

正面和左侧墙上的镜面直接反映所朝向的室内空间景物，两者之间的形状、色彩均保持透视关系上的对称，对镜面上的景物也适当地作光影线表现。用水粉表现，宜后加光影斜线的笔触，水彩、马克笔表现则应事先预留出来。

镜面与玻璃墙上的光影线应随空间形体的转折而变换倾斜方向和角度，并要有宽窄、长短以及虚实的节奏变化，同时也要注意保持所反映景物的相对完整性。

6. 皮革

室内大量的沙发、椅垫、靠背为皮革制品，皮革制品面质紧密、柔软，有光泽，表现时根据不同的造型、松紧程度运用笔触。如图2-23、图2-24所示，介绍几种不同式样、质感的皮革表现。

7. 布艺材料

布艺材料是一种灵活性强、制作简便的软装饰材料。表现时，应轻松自然，着色程序先浅后深，整体刻画一气呵成，最后用笔画出褶皱的曲面效果。对布艺上突出的受光面，用白色提出高光，加

图2-22 镜面不锈钢的画法

图2-23-1 软皮材质的画法（1）

图2-23-2 软皮材质的画法（2）

图2-24 硬皮材质的画法

图2-25 布艺窗帘的画法（1）

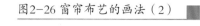

图2-26 窗帘布艺的画法（2）

图2-27 布艺的画法（钢笔+马克笔）

强照射光感，并协调整体画面。

　　帘幕是室内装饰中最为普遍的一种形式，悬挂的帘幕自然下垂，面料多为有分量感的丝、麻织品。表现的步骤是先铺出上明下暗的帘幕基调，再用台尺竖向画出帘幕上的褶皱，趁第一道中间色未干时接着画第二道暗部的阴影和圆筒状褶皱上的明暗交界线，然后在受光面上画出高光，并画出随帘幕褶皱起伏的灯光影子，最后画压在帘幕上的窗帘盒的边缘亮线。如需要在帘幕上表现花纹，可直接在已画好的帘幕上随褶皱起伏描绘图案，色度需随明暗转折而变化。

　　地毯分满铺与局部铺设两种，地毯质地大多松软，有一定厚度感，对凹凸的花纹和边缘的绒毛可用短的线状笔触表现。满铺作为整体的地面衬托着所有的家具及陈设，在画面上起着十分重要的衬景作用。刻画的重点是顶光照射的亮部与家具下面落影的对比。局部铺设是指在室内地面的空间划分中起地域限定作用或专门设置于沙发中间、茶几之下或过道之上的地毯。两种铺设表现的重点是各类地毯的质地和图案，图案的刻画不必太细，但图形的透视变化却要求务必准确，否则会由此影响整幅画面的空间稳定感。（图2-25～图2-27）

第三节　室内要素（陈设）表现练习

学习手绘的过程，是由浅入深、由简入繁、由易到难、由局部到整体的一个循序渐进的过程。任何一个室内空间，都是由几种不同的要素组合而成的，如家具、灯具、陈设艺术品、绿化植物等。在手绘学习的初期，以练习室内单体元素作为入门课程，有利于初学者训练线条、造型、透视、着色等技巧。

室内要素的表现，首先要确定外形轮廓，找出准确的透视关系，然后再用简洁流畅的线条表现结构的转折和变化，最后用马克笔、彩铅等表现其色彩和材料质感，以丰富画面效果。在学习中，要注重掌握单体要素的透视、线条、色彩、材料质感等的表现。

一、几何形体与单体表现

家具和其他陈设是室内的重要元素，包括沙发、茶几、书桌、电视机、电视柜、组合音响、床、床头柜等。在进行家具的单体训练时，要把家具看作一个方体表现透视关系，只有这样，透视才能更加准确。同时，线条的运用要根据家具的形体走向勾勒，不要有过多形体之外的线条（图2-28）。

1. 沙发、座椅

沙发和座椅是室内空间表现中较为重要的元素。我们在绘制时，首先要确定其外轮廓，找准透视和形体转折关系，然后用简练的线条和笔触表现出质感（图2-29、图2-30）。

图2-28 家具的透视关系/李明洋

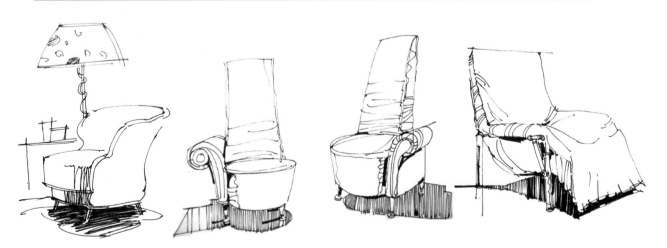

图2-29 沙发的表现练习（1）形体塑造透视准确，线条流畅/李晓雯

图2-29 沙发的表现练习（2）形体塑造透视准确，线条流畅/李晓雯

图2-30 椅子的表现练习 形体塑造透视准确，线条流畅/李晓雯

2. 灯具

灯具在室内手绘表现中，可以起到活跃画面气氛、增加画面层次、烘托设计氛围的作用。灯具在处理上比较灵活，可以将其放在近景空间内，同样也可处在远景和中景空间内。一般情况下，灯具作为配景出现。在表现时，主要用线条和颜色描绘出其造型美感和神韵以增强画面的灵动性，活跃整个空间（图2-31）。

3. 陈设艺术品

艺术品是体现室内空间品位的重要装饰元素。处于近景中的艺术品，要刻画细致；中景和远景中的艺术品可勾勒出其形体，略施色彩即可（图2-32、图2-33）。

图2-31-1 灯具的表现练习（1）线条飘逸，透视准确，用笔肯定流畅/李晓雯

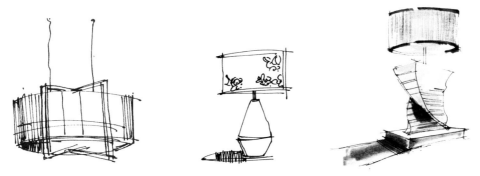

图2-31-2 灯具的表现练习（2）线条飘逸，透视准确，用笔肯定流畅/李晓雯

图2-32 陈设艺术品的表现练习（1）　用笔肯定，色调优雅/曹胜慧

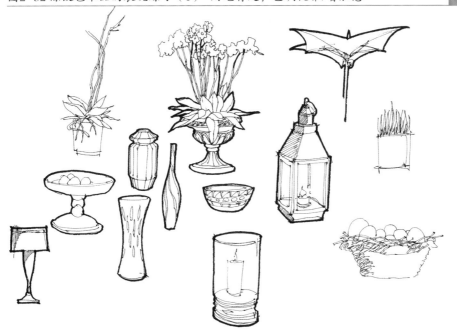

图2-33 陈设艺术品的表现练习（2）　线条柔和，用笔肯定/孟现凯

二、单体组合表现练习

1. 沙发组合（图2-34）

图2-34-1 沙发组合的表现练习（1）明暗关系明确，笔触效果干净/李晓雯

图2-34-2 沙发组合的表现练习（2）明暗关系明确，笔触效果干净/李晓雯

图2-34-3 沙发组合的表现练习（3）线条流畅，笔触效果好/曹胜慧

2. 床

床是卧室空间内的重要表现元素。表现时，首先确保其透视的准确，然后要用简单的笔触和颜色表现床单和被褥的质感（图2-35）。

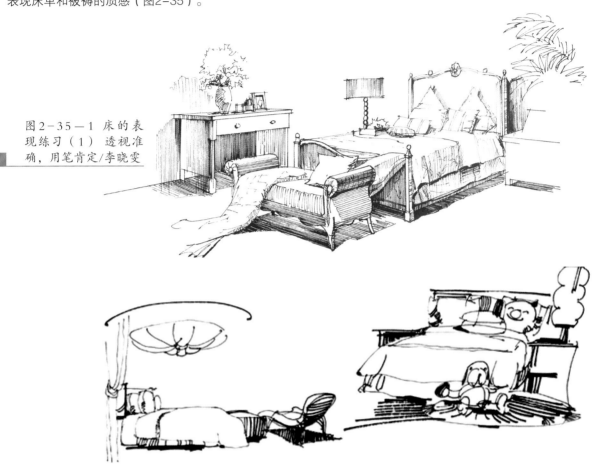

图2-35-1 床的表现练习（1）透视准确，用笔肯定/李晓雯

图2-35-2 床的表现练习（2）　透视准确，用笔肯定/曹胜慧

图2-35-3 床的表现练习（3）笔触活泼，色彩丰富，质感表现明确

三、室内配景表现练习

1. 室内绿化

室内绿化的表现在画面构图上起着平衡画面空间重力的作用。比如，在画面近角的一个沙发靠背旁或在一根感觉过分夸张的大柱子侧边，伸出二三片扇状的龟背叶或婀娜多姿的凤尾竹，既能增添了

室内的自然情趣，又能起到压角、收头、松动画面的效果（图2-36）。

由于植物构成较为零碎，形态变化也难以掌握，虽是配景但居画面前端，不能因为最后这关键几笔处理欠妥，而破坏了整幅画的效果。因而，总结一两套程式化的表现绿化的手段是十分必要的。

图2-36 室内绿化的表现练习　线条生动，光影明确/曹胜慧、李晓雯

2. 人物

有时室内表现图需点缀人物，以适应室内环境的规模、功能与气氛的营造，然而人物毕竟是一种点缀，不可画得过多，以免遮掩了设计主体的造型。一般在中、远景的地方画上一些与场景相适应的人物，讲究尺度、比例的准确性，不必刻画面部和服装细节。而近景必须画人时，要有利于画面构图，虽然可能刻画面部，但不必强调表情，服饰及色彩也不必过分鲜艳，以免喧宾夺主（图2-37）。

图2-37-1 配景人物的表现练习/李明洋

图2-37-2 配景人物的表现练习（钢笔+淡彩）

第三章　线稿表现篇

第一节 室内空间透视基本规律
（透视原理与视点的选择）

透视作为一套完整的学科体系理论，在写实绘画与艺术设计中运用较为广泛。运用透视原理可以在二维空间的纸面上呈现出比较真实的三维效果，使画面的空间感、视觉感与实际场景的整体形象相吻合，给观者以空间存在的真实感。

透视，简单地说，就是观察者透过一块透明玻璃观看前面的物体，将从远处看到的景象描绘在玻璃上所得的图形。

透视图形与真实物体在某些概念方面是不一致的，所谓"近大远小"是一种"视错觉"现象，然而这种"视错觉"却符合物体在人们眼球的水晶体上呈现的图像，因而，它又是一种真实的感觉。为了研究这个现象的科学性及其原理，人们总结出了"画法几何学"和"阴影透视学"，透视原理分析如图3-1所示。

一、透视的基本术语

A.视点（EP）——人的眼睛看的位置。

B.立点（SP）——人站立的位置（足点）。

C.视高（EL）——立点到视点的高度。

D.视平线（HL）——观察物体的眼睛高度线，又称眼在画面高度的水平线。

E.画面（PP）——人与物体间的假设面，或称垂直投影面。

F.基面（GP）——物体放置的平面。

G.基线（GL）——假设的垂直投影面与基面交接线。

H.心点（CV）——视点在画面上的投影点。

I.灭点（VP）——与基面相平行，但不与基线平行的若干条线在远处汇集的点，也称为消失点。

J.测点（M）——求透视图中物体尺度的测量点，也称量点。

K.真高线（H）——在透视图中能反映物体空间真实高度的尺寸线。

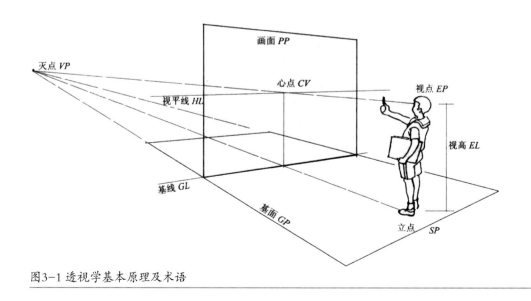

图3-1 透视学基本原理及术语

二、一点透视（平行透视）

一点透视，即平行透视，是最基本的透视表现方法，在画面中只有一个透视线条的汇集点，与心点重合。这种方法便于学习和掌握，可以一边探讨室内透视图的大小、假定室内的进深，一边进行作图。

一点透视的基本特征有：

（1）画面与视平面平行，画面只有一个灭点。

（2）画面中所有水平线都与画面平行，所有垂直线都与画面垂直。

（3）空间纵深感强，适合表现稳定、庄重、安静的室内空间。

一点透视所表现的空间大，具有稳定的画面效果，适合表现大场面。但一点透视效果缺乏生动感，需要靠色彩和笔触来调节画面气氛（图3-2）。

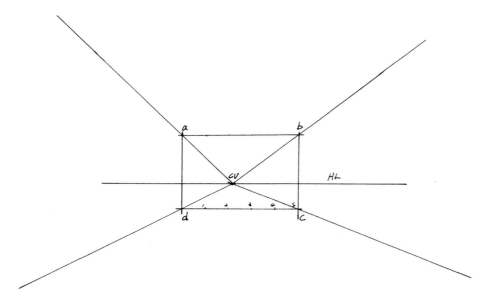

图3-2—1 第一步：以宽度为5m，高度为3m，进深为5m的空间为例。用比例尺确定主墙面的宽高尺寸a、b、c、d，按视高设定视平线 HL，一般定在0.8m~1.2m之间比较利于空间的表现。定心点CV（可以根据表现需要，来确定偏左还是偏右），分别连接a、b、c、d作延长线

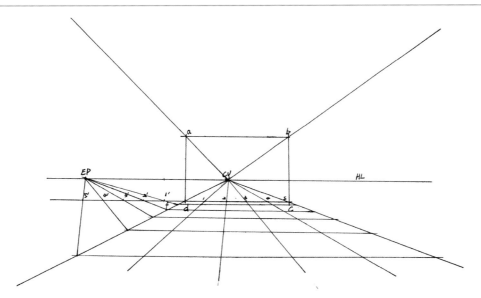

图3-2—2 第二步：延长c、d直线，以df为基本单位，向左或向右延伸五个基本单位，在HL上找到相对应的EP点，分别延伸EP1＼EP2＼EP3＼EP4＼EP5＇，确定房间的进深，即得出室内网格透视基本图形

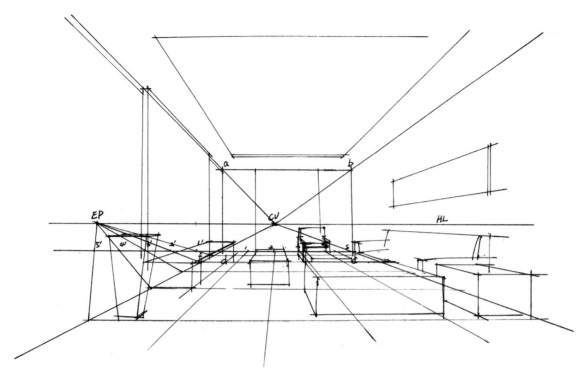

图3-2—3 第三步：根据ab、cd垂线为真高线，所有高度尺寸都可以在ab、cd上量取。根据平面布局图，画出室内家具在空间透视图中的布局

图3-2—4 第四步：根据画面的关系，确定画面的黑白灰关系，调整画面的前后空间

三、两点透视（成角透视）

两点透视，又称成角透视，即根据平面图的布置方向，可以变换室内透视图视角方位的绘图方法。可以根据设计表现的需要来改变不同的角度，从而探讨室内透视图的最佳视角位置，然后求出准确的透视。

两点透视的基本特征有：

（1）所有物体的消失线向心点两边的侧点消失，呈两个灭点。

（2）画面中所有水平线向心点两边的侧点消失，垂直线都与画面垂直。

（3）有较强的明暗对比效果，富于变化，易于表现出体积感。

两点透视给人的视角效果接近于正常人的视觉感受，生动而自由，常用于表现相对活泼的空间，如大堂、客厅、餐厅、儿童房间等（图3-3）。

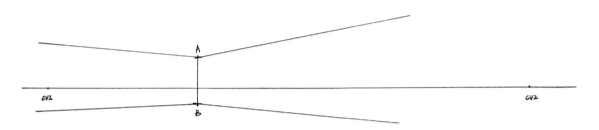

图3-3—1 步骤一：首先按比例尺确定所要表现空间的墙角线AB为空间的原高线（可以定在黄金分割位置上，左右空间比约为5：8），然后通过AB线作视平线L（视平线定在1.8m高左右），在视平线的两端定出透视点CV1、CV2，并通过CV1、CV2分别作点A、B的射线

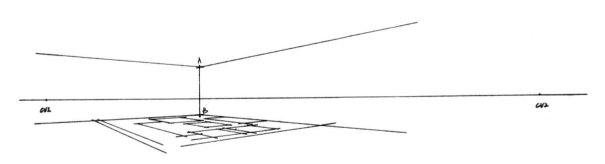

图3-3—2 步骤二：根据空间物体尺度比例关系，在已作空间中，作出物体在空间中的投影及比例关系

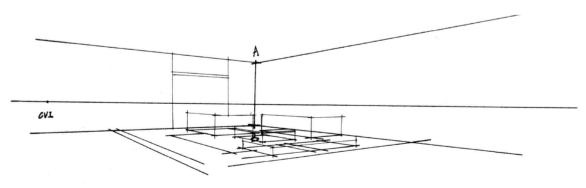

图3-3—3 步骤三：同样根据尺度比例，确定墙面的结构比例关系。按照一点透视求高的方法，确定各个物体的高度，作出物体在空间透视中的形体方盒子

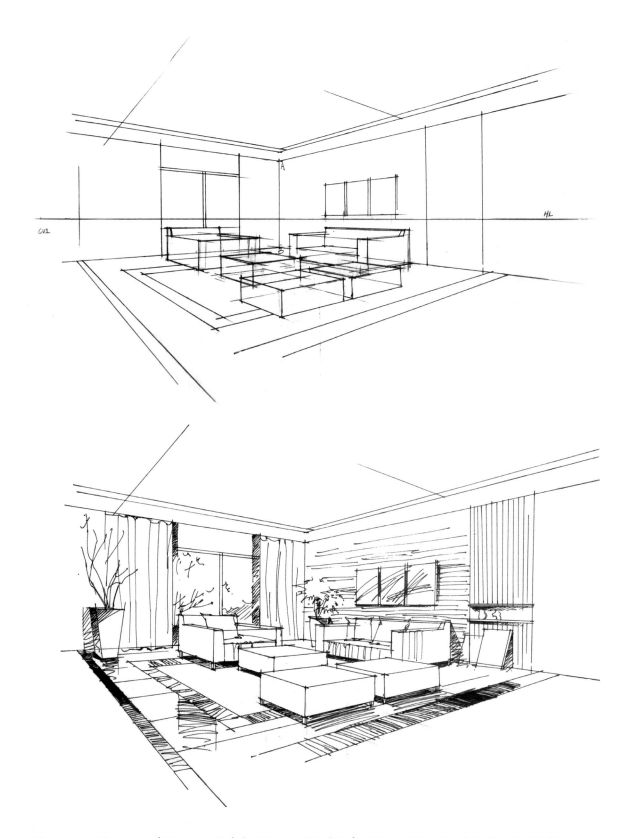

图3-3—4、图3-3—5 步骤四：确定基本形体后，利用手绘表现技巧，深入刻画空间关系及形体塑造

四、快速透视（徒手透视）

快速透视，即在标准透视法的基础上，运用徒手表现的方式，根据平面图的快速转换，更加快捷地绘制一幅效果图的方法。快速表现技法强调以概括的手法，删繁就简，快速有效地把室内空间效果表现出来（图3－4）。

图3—4—1　步骤一：根据平面图，用铅笔按照原透视原理勾画空间轮廓，将主要的物体透视关系交代清楚

图3—4—2　步骤二：从画面的视觉中心物体开始，用钢笔勾画轮廓，在空间透视关系准确的情况下，尽量表现出线条的美感和物体的质感

图3—4—3　步骤三：画面中心位置勾画准确后，由远及近逐层刻画其他物体，绘制完成后，加强细节、物体质感及阴影刻画，强调出画面主次和虚实关系

图3—4—4　步骤四：再次调整大关系，完成整幅作品的绘制

第二节　线稿的整体效果处理

　　风格化的线描一般注重线的神韵，或凝重质朴，或空灵秀丽，在画面形式上注重线的疏密对比与穿插组织关系。但是钢笔线稿上的画痕是深浅差距很小的，在色阶的使用上也是有限的，单一线条中缺乏丰富的灰色调。因此，我们将钢笔画归于黑白艺术之列。黑白稿在室内空间表现中是一个重要的步骤，一张设计图的好坏多数是由线稿决定，在表现过程中加强线条的虚实关系，把细节表现清楚。平常我们应多做黑白线稿的练习，提高自己的造型能力。此外，对室内空间的表现很大程度上也体现了设计者的文化修养。

　　黑白线稿的表现应注意以下几点：

　　（1）线描

　　以线为主的造型方法，在描绘时把握设计主题，根据设计重点，确定视平线、视点，调整画面的构图形式，确定画面的近、中、远景，各物体之间的位置关系。

　　（2）明暗调试

　　由于钢笔、针管笔等具有不易修改的特点，在运用时要注意对明暗基调和明暗调子对比的准确把握。物体并置一处时，两种色调的交汇处就产生了物体的内外轮廓，画面中较清晰的物体要通过一定的对比才能显现出来，对比越强烈，物体越清晰。

　　（3）点

　　在手绘线稿的过程中，不管是有意识的点还是无意产生的顿挫点，都是丰富画面的重要元素。

第三节　室内空间构图形式

构图是指绘画形式中对所描绘对象各部分的精心安排和组织，是作者表达主观愿望，使画面具有艺术性、和谐性的重要手段。构图在表现效果图中非常重要，决定着空间设计作品给观者的直接印象。

一、视点与构图

人的眼睛在观察物体时，由于其观察位置的高低、左右方位不同，所得到的透视图形及表现范围也会不同。在绘制室内空间时，应在画面中尽可能地表现三个面，即正面及左右两个面。合理的视点是表现画面最精华的部分、最主要的空间角落、最理想的空间效果的关键。在具体的方案设计过程中，对于视点和角度的选择应注意以下几个方面：

（1）室内表现效果图视点高度一般是以成人的视觉经验确定的，通常在1.6m左右，在表现过程中，最需要表现的部分应放在画面的中心。

（2）视点的高度不是绝对固定的，它要根据设计所表现的内容以及空间的实际高度进行合理调整。对于较小的空间，可以有意识地夸张，使实际空间相对夸大。

（3）在确定方案之前可以徒手画一些不同视点的透视草图。尽可能选择层次较为丰富的角度，体现前、中、后景有不同层次的明度对比，使得画面更有层次感。

（4）加强画面的虚实感，突出主体部分，强调主要部分的色彩、线条，加入不同的配景，平衡画面，突出画面的整体氛围。

二、构图的基本法则

构图要最大限度地反映设计方案在选择范围内的审美性与合理性。构图的技巧可以归纳为把自己的设计方案选择切实有效的方法生成完美的设计图，主要构图法则有：

（1）在对比中求和谐，调和中求对比，展现均衡的对比美。

①形状的对比——对称形与非对称形，简单形与复杂形，几何形之间的对比。

②虚实对比——突出重点，大胆地省略次要的部分。

③明暗对比——表现对象自身明暗的对比，区域性对比（黑衬白、白衬黑），突出表现重点，拉大空间层次。

（2）强调统一中的渐变，展现空间的渐增和渐减的进深韵律，产生特殊的视觉效果。

①从大到小的渐变——基本形由大到小的渐变和空间逐渐递增的变化。当基本形在一种有序的情况下逐渐变小，会使人感到空间渐渐远离，使画面产生强烈的纵深感和节奏感，起到良好的导向作用。

②明与暗的渐变——画面的明暗由强到弱逐渐转变是一种虚实关系的转换，易于表现画面的主次和空间的深度（图3-5）。

第四节 室内空间线稿临摹范例

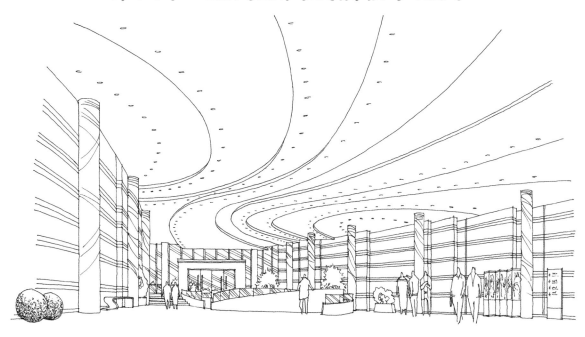

图3—5—1 德州大剧院共享大厅 钢笔稿/庄宇

图3—5—2 家居书房 精细钢笔线稿表现/李晓雯

图3—5—3 家居客厅 精细钢笔线稿表现/李晓雯

图3—5—4 中式餐厅包间 精细钢笔线稿表现/曹胜慧

图3—5—5 休闲餐厅入口 精细钢笔线稿表现/曹胜慧

图3—5—6 休闲餐厅大厅 精细钢笔线稿表现/曹胜慧

图3—5—7 休闲餐厅外观 精细钢笔线稿表现/曹胜慧

图3—5—8 宁夏大剧院 精细钢笔线稿表现/庄宇

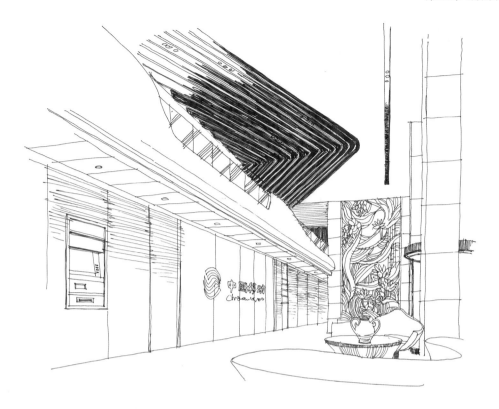

图3—5—9 泰州移动调度中心门厅 精细钢笔线稿表现/庄宇

图3—5—10 能源大厦办公室 精细钢笔线稿表现/庄宇

图3—5—11 能源大厦门厅 精细钢笔线稿表现/庄宇

图3—5—12 能源大厦包间 精细钢笔线稿表现/庄宇

图3—5—13 欧式餐厅包间 精细钢笔线稿表现/庄宇

图3—5—14 茶馆一角 精细钢笔线稿表现/庄宇

第四章　空间着色篇

第一节　马克笔着色技法分析

一、马克笔表现的特点

马克笔因清新透明的色泽和简洁明快、极富现代感的笔触以及携带、使用上的方便，受到了设计师和美术爱好者的青睐。

马克笔的笔尖有楔形、圆头等几种形式，可以画出粗、中、细不同宽度的线条，而线条是马克笔表现技法中最为重要的元素，好的线条表现对画面塑造非常重要。通过马克笔线条的不同排列组合方式，形成的明暗块面和笔触的韵味，具有很强的艺术感染力（图4-1）。

二、马克笔画法的工具选择

马克笔分为水性和油性两种，两种笔在表达效果上有一定的差别，我们要根据画面表现内容和手法来选择马克笔。

水性马克笔的笔触边缘明确，笔触间不易融合，但色彩与水有较好的融合性，可与水溶性彩铅和水彩搭配使用。在表现设计方案时，多用此类马克笔。

油性马克笔的笔触间边缘容易融合，色彩明亮透明但不溶于水，适于在铜版纸上表现。

马克笔根据笔头不同可分为两种：一种是尖笔头，以勾线和描绘细节为主；另一种是平头笔，以涂色为主。不同的笔头所表现出来的笔触效果各不相同，在运用时要注意选择。

在纸张选择上，可用普通的复印纸、色纸、硫酸纸、草图纸、铜版纸、卡纸等。每种纸张在表现力上各有不同，经过实践练习后，选择适合自己的纸张即可。一般来说，在色纸上表现要考虑到色纸本身的颜色对整体画面的影响，在硫酸纸上表现时，所上颜色较浅，需在其背面垫一层白纸才可显示其真实的色彩效果。

进行马克笔表现时，有时也会用到一些工具作为辅助，如画夹、画板、尺规等工具。在绘制较大的图纸时，如在A3以上的画幅，表现大面积的墙体、天空和地面时，可借助直尺排列笔触，使画面显得整齐、规矩，但大面积的使用也会让画面显得呆板、乏味。一般情况下，多以徒手上色为主，间或辅以工具，两者结合。手绘工程草图和较小画幅的作品可直接徒手上色。

图4-1 粗细不同的马克笔线条

小贴士：马克笔单支的颜色是固定的，不会因为用笔力度的轻重而产生色彩深浅的变化。

图4-2 果断流畅的用笔表现

三、马克笔笔触表达

1. 马克笔的排线方法

马克笔的主要排线方法有三种：平铺、叠加和留白（图4-2）。

（1）平铺

常用楔形的方笔头进行宽笔触的表现。平铺排线时要组织好宽笔触并置之间的边缘衔接，同时注意粗、中、细线条的搭配与协调，尽量避免出现单纯运用一种粗细的线条，造成整体呆板的画面效果。

（2）叠加

马克笔的色彩可以叠加。叠加一般是在色彩干透之后进行，避免色彩叠加的不均匀和因纸面未干造成的纸面起毛现象。叠加一般是同色叠加，使颜色加重，拉开明暗关系，也称渐变；叠加还可以将一种色彩融入到另一种色彩色调之中，产生第三种颜色，此时需要注意的是：不同颜色之间的叠加次数不宜过多，以免造成颜色污浊和纸面起毛，影响画面色彩的清新和透明。

（3）留白

马克笔笔触的留白主要反衬物体的高光亮面，反映光影变化，增加画面的透气性和活泼感。细长的笔触留白又称"飞白"，常用于表现地面、天空、建筑的背光面。

图4-3 点的运用增强了画面的光感

2. 点、线、面的使用

马克笔的运用同样要注意点、线、面的对比关系，丰富而有韵律的点、线、面的变化会提升整个画面的表现力和形式美感。

（1）点

①画线条时，"画出"点。

图4-4 充满形体的线组成的面给人以饱满之感

图4-5 充盈而透气的面

②用马克笔"带出"点（图4-3）。

③用修正液"提出"高光点。

（2）线

前面已经进行讲述，此处不再赘述。

（3）面

由马克笔的线条组成的面，在画面形体结构中有两种不同的表现方式：一是实际中的满，一是感觉中的满。这两种满不是一种表现方式，给我们的感觉也不同。

第一种满，形体结构内部画满马克笔线条，给人以充实、饱满的感觉（图4-4）。

第二种满，马克笔线条未完全画满形体结构的内部，给人以充盈而透气的感觉，根据画面需要的不同，面的表现方式也各不相同（图4-5）。

四、运用技巧与整体效果处理

1. 虚实过渡

马克笔表现图要注意到每个面的虚实过渡变化，包括最小的装饰品也不例外。大体面的天花、地板是空间感最重要的体现部位，可从远及近做深浅过渡，也可从近到远过渡，结合画面气氛及需要考虑，灵活处理。墙面和物体还要注意根据光源的变化，在受光面进行上浅下深过渡，背光面则相反（图4-6）。

2. 光影表现

自然光对室内色彩的影响不大，在自然光线下，室内色彩基本显现其固有色，虽然一天当中日光的色温是不断变化的。在表现日光时主要表现物体的暗部色彩和投影，因为这些面的色彩变化较

图4-6 卧室快速表现 虚实明确爽快

多。往往受光面是暖色，而背光面和投影是呈现冷暖变化的。尤其注意阴影轮廓要有透视关系。

室内灯光主要有三种：灯带、筒灯和投光灯。灯带的表现主要是从浅到深晕染，注意每遍色彩反差不要太大。壁灯和筒灯光的表现是第一遍平涂，快干时留出灯光轮廓，其他地方加重。投光灯的表现也很简单，往往是发光区域留白，剩余部分淡淡涂色。这和用背景重色衬托室内光感的刻画方法相一致，也就是说，所有的光效果表现都是由深色的背景衬托出来的（图4-7）。

3. 修正液的使用

在马克笔表现图中会经常用到修正液。它可以修改画面的错误结构线和渗出轮廓线的色彩，在表现某些物体的高光时也能用到。修正液不易大面积使用，但使用得当会得到意想不到的效果（图4-8）。

4. 运用小技巧

初学者绘制马克笔表现图时，不妨参考以下几个小技巧：

（1）先用冷灰色或暖灰色的马克笔将图中基本的明暗调子画出来。

（2）在运笔过程中，遍数不宜过多。待第一遍颜色干透后，再进行第二遍上色，而且要准确、快速。否则色彩会渗出，形成混浊之状，体现不出马克笔透明干净的特点。

（3）用马克笔表现时，笔触大多以排线为主，所以有规律地组织线条的方向和疏密，有利于形成统一的画面风格。另外，还可运用排笔、点笔、跳笔、叠加、留白等方法。

（4）马克笔不具有较强的覆盖力，淡色无法覆盖深色。在上色的过程中，应先上浅色而后覆盖较深重的颜色，并且要注意色彩之间的相互和谐，以中性色调为宜，忌用过于鲜亮的颜色。

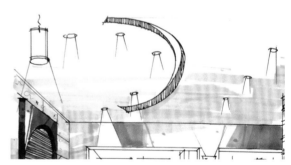

图4-7 不同灯光的表现效果

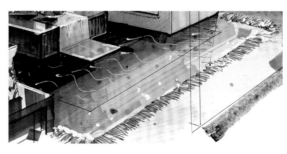

图4-8 修正液的使用效果

第二节 彩铅着色技法分析

彩色铅笔是绘制建筑、景观、室内装饰效果图中常用的工具之一。它色彩淡雅，对比柔和，使用便利，携带方便，价格低廉，又易于表现出深与浅、粗与细等不同类型的线条，并且可以利用色彩叠加，产生丰富的层次变化，具有较强的艺术表现力和感染力，因此彩铅也成为备受设计师青睐的绘图工具之一。

彩色铅笔画的风格有两种：一种突出线条的特点，类似于钢笔画法，通过线条的组合来表现色彩的层次，强调笔尖的粗细、用力的轻重、线条的曲直、间距的疏密等因素的变化；另一种是通过色块表现形象，线条关系不明显，相互融合成一体。

彩铅的常用方法以平涂为主，结合少量的线条，它的使用方法和铅笔素描基本相似，不同的是它是以色彩表现画面的。

一、彩铅的基本用法

1. 平涂法

运用彩色铅笔均匀排列出铅笔线条，达到色彩一致的效果（图4-9）。

2. 叠彩法

运用彩色铅笔排列出不同色彩的铅笔线条，色彩可重叠使用，变化比较丰富（图4-10）。

3. 退晕法

利用水溶性彩铅溶于水的特点，将彩铅线条与水融合达到退晕的效果（图4-11）。

二、彩铅的用法技巧

使用单一色彩的彩色铅笔平涂的物体缺少丰富的变化，缺乏韵律和情趣。我们可以通过以下几种方法使表现更生动，更加吸引人。

1. 单色渐变法

通过改变用笔力量的大小，可以看到纸上的颜色发生了变化，有了暗或明的渐变（图4-12）。

2. 多色叠加法

在一种颜色上再涂任何一种颜色都会影响其纯度，如果希望在改变纯度的同时保持色彩的鲜艳程度，可以添加近似色或者中性色。如果希望在改变纯度的同时降低色彩的鲜艳程度，可以添加黑色或者对比色（图4-13）。

图4-9 平涂法

图4-10 叠彩法

图4-11 退晕法

图4-12 单色的渐变增强了画面的明暗变化

图4-13 多色叠加产生色彩和明度的丰富变化

图4-14 建筑物上的高光用白色水粉提亮

图4-15 通过色粉提亮高光

（3）提亮高光法

为了使画面的层次更加富有变化，我们可以在绘画时留白，也可以用修正液或者水粉颜料的白色提亮局部，以获得高光的效果；也可以先用白色铅笔打底，再在上面上色，可以增加其明度（图4-14、图4-15）。

（4）整体调整法

如果画面对比过于强烈或表现出色彩不协调，可运用彩色铅笔在画面上进行统一上色，以达到协调的画面效果。

第三节　室内空间着色步骤详解

在室内设计效果图表现中，空间的造型与色彩是紧密相连的，关键是要抓住表达的创意特点，在思考过程当中，以达到忠实于设计、表现于效果的最终目标。

造型与色彩

1. 中式造型风格的特点是浑厚凝重，线条突出，以表现木制作的吊顶、隔断、窗饰、家具等中国传统空间元素为主。

2. 西式造型风格的特点是高雅清新，以曲线、曲面为主，以表现淡雅、高调色彩，家具、窗饰等西洋传统空间元素为主。

3. 田园造型风格主要表现绿色、休闲、自然的空间效果，以体现环保、节能、绿色空间概念。

4. 现代造型风格主要表现现代建筑科技材料与艺术美感的有机结合，以体现使用功能与艺术形式并重的设计理念。

无论哪一种造型与色彩风格，其表现内容与形式都要注重空间造型的准确与否，材质的使用与氛围的营造技法，造型、色彩、材质、陈设的技巧等都应综合思考与应用实践，如临摹照片等方法。

在空间着色时应注意：

（1）首先要有严谨的空间表现概念，绘制的线条要简洁肯定，这有利于空间结构的准确表达，在线稿的处理中要注意画面的明暗、虚实关系，远处的物体是虚的，可以少刻画甚至不刻画，而近处的物体应重点表现。同时，还应注意线条的不同变化和质感的生动表现。

（2）初步布色，着色前应考虑到质感、色彩等要素受光照影响后产生的变化。空间布色的时候可以整体也可以局部进行，局部开始的地方多为设计的中心点。

（3）对各种家具陈设进行着色的同时，要注意空间着色时物体固有色的表现，由于光的影响可以产生色彩明暗、纯度的变化，但受光面不能有色相的变化。不能单纯为追求画面效果使物体色彩失真。

（4）把握整体关系的同时，对画面进行细节处理。强调各物体材料质感的同时，注意同种质感的不同物体在空间中要通过色彩的变化来区分远近、虚实关系。

（5）在完成阶段，调整各局部的关系，完善不足，比如用马克笔加深暗部，彩铅勾勒细部等。同时，还可以用修正液修饰错误线条，点出高光，以及在空缺位置添加植物以平衡画面构图等。

一、客厅空间着色步骤详解

方案说明：准备好设计说明及做法说明。

材料与工具：准备好钢笔、马克笔、彩铅、水彩等，详见步骤图4-16～图4-20。

图4-16 步骤一：起稿阶段，勾画物体的基本位置及骨架结构

图4-17 步骤二：初步绘制浅色整体界面

图4-18 步骤三：画局部物体色彩，突出光影效果

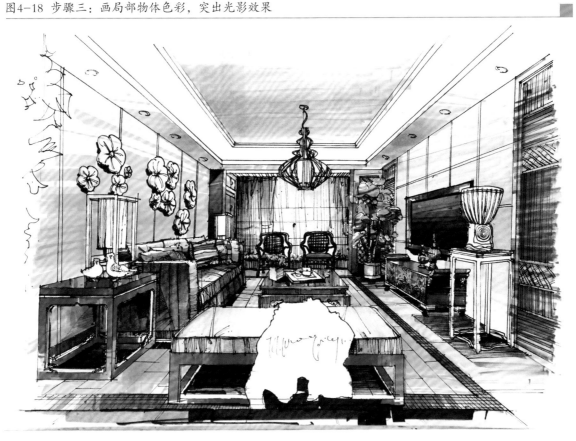

图4-19 步骤四：深入刻画细部空间造型，完善色彩表现以烘托环境气氛

图4-20 步骤五：调整局部关系，完成整体绘制

二、卧室空间着色步骤详解

　　方案说明：准备好设计说明及做法说明。

　　材料与工具：准备好钢笔、马克笔、彩铅、水彩等。详见步骤图4-21～图4-25。

图4-21 步骤一：起稿阶段，勾画物体的基本位置及骨架结构

图4-22 步骤二：初步绘制浅色整体界面

图4-23 步骤三：画局部物体色彩，突出光影效果

图4-24 步骤四：深入刻画细部空间造型，完善色彩表现以烘托环境气氛

图4-25 步骤五：调整局部关系，完成整体绘制

三、其他空间快速着色详解

1. 套房快速着色详解（图4-26、图4-27）

图4-26 步骤一：注意线条的疏密关系，尤其是窗帘、地毯与墙面吊顶的对比

图4-27 步骤二：迅速用灰色马克笔将吊顶、地面、墙面的空间关系表现出来；用蓝色和紫色马克笔或彩铅将室内玻璃表现出来；用咖啡色马克笔或彩铅将室内的木质材料表现出来

2. 会议室快速着色详解（图4-28、图4-29）

图4-28 步骤一：利用线的疏密结合，迅速将画面的素描关系表达出来

图4-29 步骤二：运用咖啡色马克笔或彩铅将室内的木质颜色表现出来；用蓝色和紫色马克笔或彩铅将室内的玻璃表现出来；用绿色马克笔或彩铅将室内的植物表现出来

第四节 室内空间马克笔作品展示

图4-30 马克笔客厅设计手绘效果图

图4-31 莱州博物馆展厅效果图/庄宇

图4-32 宁夏大剧院中国厅着色效果图/庄宇

图4-33 宁夏大剧院伊斯兰厅着色效果图/庄宇

图4-34 马克笔卧室设计手绘效果图

图4-35 马克笔休闲区设计手绘效果图

图4-36 马克笔餐厅设计手绘效果图/李晓雯

图4-37 马克笔餐厅设计手绘效果图/李晓雯

图4-38 马克笔餐厅设计手绘效果图/曹胜慧

图4-39 马克笔起居室设计手绘效果图/曹胜慧

图4-40 马克笔宁夏大剧院手绘效果图/庄宇

图4-41 马克笔泰州移动大厦接待厅手绘效果图/庄宇

第五章　综合实训篇

通过前面的学习，我们已经掌握了基本的透视规律，了解了钢笔、马克笔、彩铅、水彩、水粉等表现手法。之后，我们将要进行绘制整套设计图的学习。

首先了解室内方案完成的基本步骤和程序：

（1）当作为设计师的我们接到一个项目，无论是室内设计、建筑设计还是景观设计项目，我们首先要与甲方进行交流沟通，了解甲方对项目的使用功能方面的要求、设计意图、理念、个人喜好等诸多方面的要求。

（2）根据甲方提出的要求，融合自己的设计理念，进行初步的设计构思，也就是手绘表现图中的设计草图阶段。设计师在满足甲方基本要求的基础上，力求具有创新性和较高的实用性，并把设计构思通过草图的形式勾勒出来。

（3）进行初步的设计构思后，我们就可以用设计草图与甲方进行初步的交流沟通，进一步了解甲方的想法和意图。从接触甲方，构思草图，到与甲方再次交流沟通，修改完善方案，直至设计方案定稿，这一阶段可能要进行多次的反复。

（4）设计方案确定之后，就要进入正式图的绘制了，其中包括平面图、立面图、剖面图以及更为细致的构造节点图、材料图等。在绘制方案图纸时，设计方案会根据甲方的要求，做或多或少的修改——这是在所难免的。

（5）完成的施工图纸由相关单位审验后，就可以交付施工公司进行具体施工了。在工程施工完成之前，方案会根据实际的施工情况，进行细微的修改和完善，直至工程结束。

以上便是实践项目的基本工作流程。本章据此对章节内容进行设置，从室内工程的实训项目，按照实际的施工流程进行手绘工程图的讲解。

第一节 室内空间快速手绘草图表现

快速手绘效果图画法，也称为徒手画画法，是设计师、施工人员及建设单位之间沟通交流的重要形式之一。熟练掌握效果图快速表达是建筑设计师的基本功之一。

快速绘制手绘效果草图应注意以下几点：

（1）尽可能准确地掌握整体比例和转折面的结构构造。

（2）以线为主，以线带面，线条尽量肯定、有力、挺拔、圆润。

（3）强调重点部分，突出创意设计表现内容。

（4）施以淡彩着色，不必面面俱到，点到为止。

（5）材料选择与构造设计合理，最终为实现施工设计作出行之有效的方案预想图（图5-1~图5-5）。

图5-1 室内设计方案草稿／孟现凯

图5-2 室内设计方案草稿 / 孟现凯

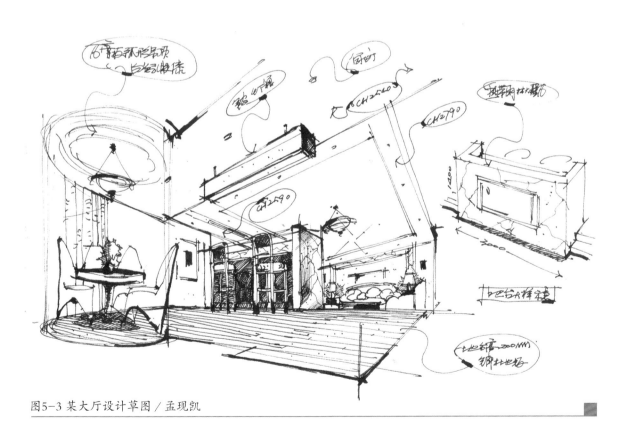

图5-3 某大厅设计草图 / 孟现凯

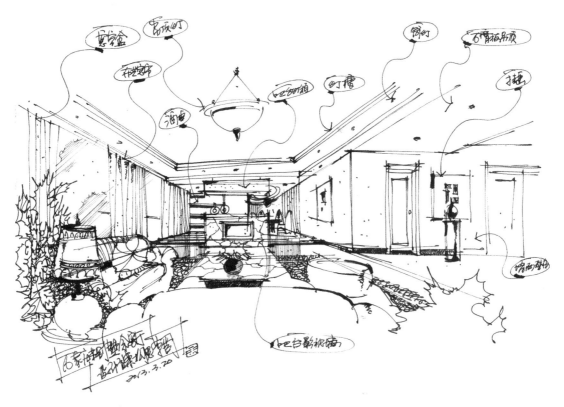

图5-4 办公室设计草图／孟现凯

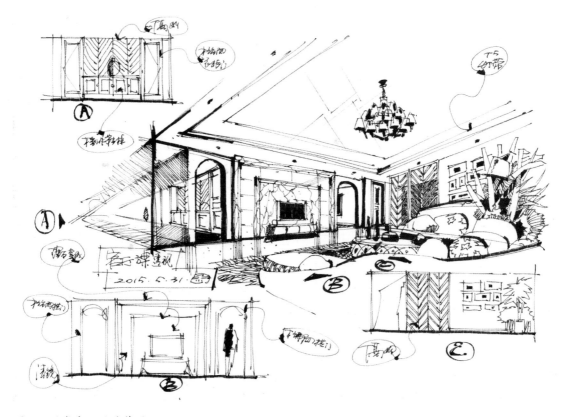

图5-5 欧式客厅设计草图／孟现凯

第二节 室内空间平面图

实现室内空间造型形式的创新性、功能的实用性以及功能布局的合理性，是室内设计方案的任务和目的。室内设计一般是从平面图入手的。在进行室内设计之前，建筑的结构已经存在，限于建筑结构的影响，我们不能进行太大幅度的改动，尤其是承重结构。因此，室内平面布置是在现有结构和不破坏承重结构的基础上进行的。

室内设计中的平面布置图，主要解决平面功能空间的合理穿插与分割、动静空间的划分、交通流线的顺畅、家具在平面中的位置关系等问题。在构思室内设计方案时，我们可以保持原有的建筑结构不变，也可以在不改变承重结构的基础上，重新划分空间，以完成室内设计构思（图5-6）。

小贴士：在绘制门窗位置及宽窄时，要特别注意墙体的厚度表现。因为，墙体最后是要填色的（多为黑色），按照实际比例进行绘制，在墙体填黑之前，从感觉上判断似乎正合适。等到完全填黑之后，加上边线本身的厚度，往往比设想的厚一些，容易造成画面笨重、封闭、木讷之感。

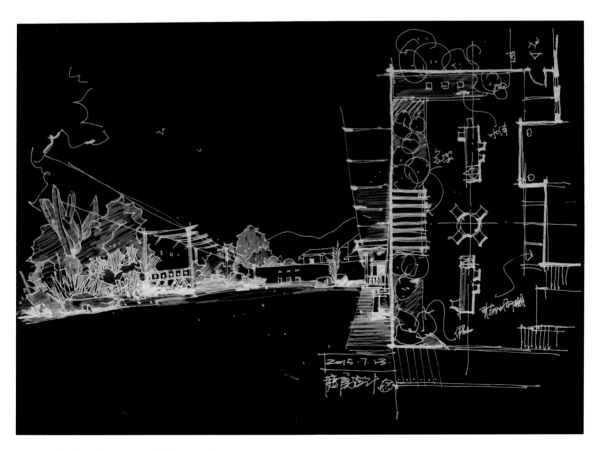

图5-6 室内改造工程平面草图/孟现凯

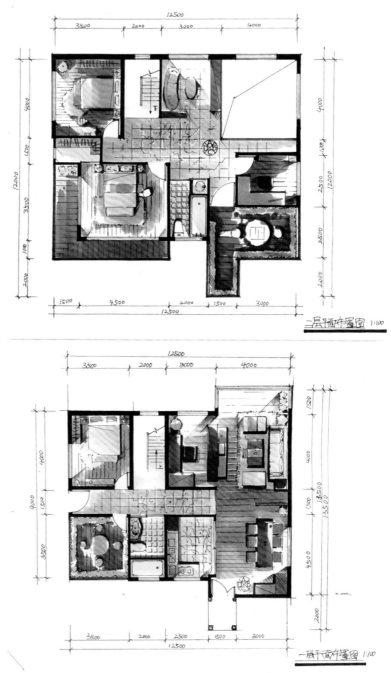

图5-7 某别墅平面布置图，空间功能布局合理、室内动线流畅

一个表现较为充分的室内平面布置图，包括以下几个部分：房间的分割、墙体的位置和厚薄、门窗的位置、内部家具的陈设布置、地面的材料以及必要的文字标注（图5-7）。在表现程序上，具体为：

（1）定出房间分割（开间、进深或柱网）的轴线。

（2）画出墙体厚度、门窗开口位置及宽窄。

（3）布置室内家具和地面材料，如地毯、地板、地砖等。

（4）添加尺寸标注和必要的文字标注。

在家居平面图中，家具（沙发、茶几、床等）的图例没有固定的标示方法，多以家具的俯视图体现。

第三节 室内空间立面图

立面是室内空间主要的视觉焦点，也是体现设计理念的重要造型面。在室内设计方案中，立面图常用来交待墙体的具体造型形式及其尺寸比例关系、墙面材料和墙面装饰品的位置尺寸关系。同平面图一样，立面图也需要文字标注，对图面做进一步地阐述说明（图5-8~图5-10）。

一幅完整的室内立面图包括以下内容：

（1）墙柱面造型的轮廓线、装饰构件等。

（2）墙柱面饰面材料，涂料的名称、规格、颜色、工艺说明等。

（3）标注壁饰、装饰线等造型尺寸、定位尺寸等。

在手绘立面图时，首先要定出立面的外轮廓；然后表现立面造型用材；最后加注尺寸和必要的文字说明。

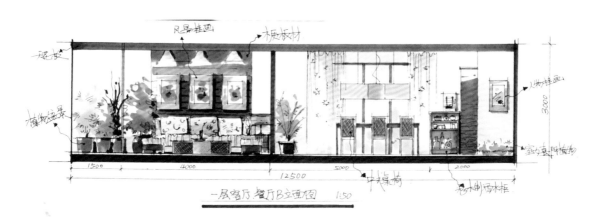

图5-8 客厅兼餐厅西立面图

图5-9 卧室东立面图

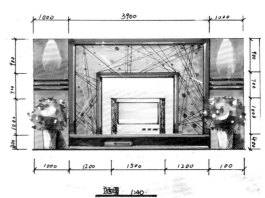

图5-10 电视背景墙立面图

第四节 室内空间剖面图

剖面图与平面图、立面图相互配合，表示建筑物的全局，它们是施工图中的基本图样。剖面图主要用来表示室内空间造型的内部结构、施工工艺等。在施工中，居住空间剖面图是进行墙、饰面处理，材料处理、构造工艺施工等工作的依据（图5-11、图5-12）。

剖面图中包括以下内容：

（1）剖切到的屋面、楼面、墙体、梁等的轮廓及材料做法。

（2）即使没被剖切到，但在剖视方向可以看到的建筑物构配件。

（3）标高及局部尺寸。

（4）必要的文字注释。

需要注意的是，剖面图的比例应与平面图、立面图的比例保持一致；在剖面图中，一般不画材料图例符号，被剖切平面剖切到的墙、梁、板等的轮廓线用粗实线表示，没有被剖切到但可见的部分用细实线表示，被剖切断的钢筋混凝土梁、板涂黑。

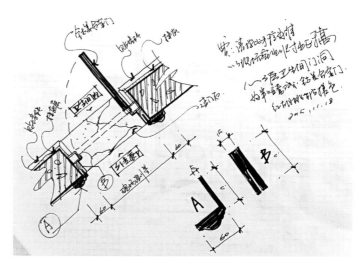

图5-11 剖面图/孟现凯

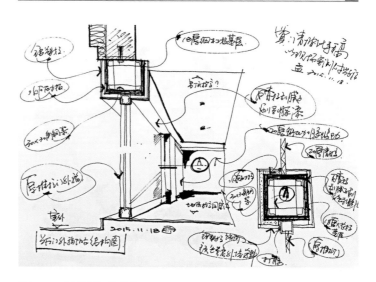

图5-12 剖面图/孟现凯

小贴士：设计师在选择剖面图剖切位置的时候，要充分考虑到客户对于空间关系、空间形式美感和材料美感的需求，尽量选择能够完整地表现设计意图和体现设计美感的剖切位置。在室内空间中，若立面能够表明所要表达的材料、形式、空间、构造工艺等内容，则剖、立面图可用一幅图来表示。

第五节　室内空间构造大样图

构造大样图是详细地介绍构造节点做法的图，也就是我们常说的大样图。它实际上是剖面图的有关部位的局部放大图，主要表达墙身与地面、楼面、屋面的构造连接关系等构造情况，是室内外装修、门窗安装、编制施工预算以及材料估算等的重要依据（图5-13）。

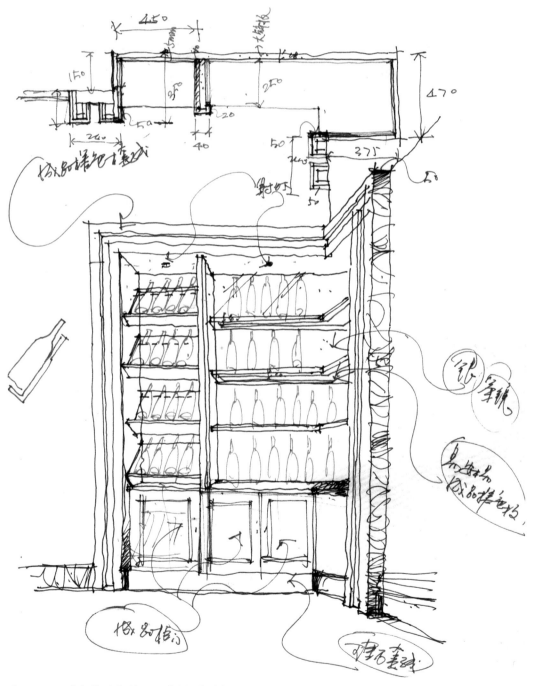

图5-13-1　局部构造大样工程实例/孟现凯

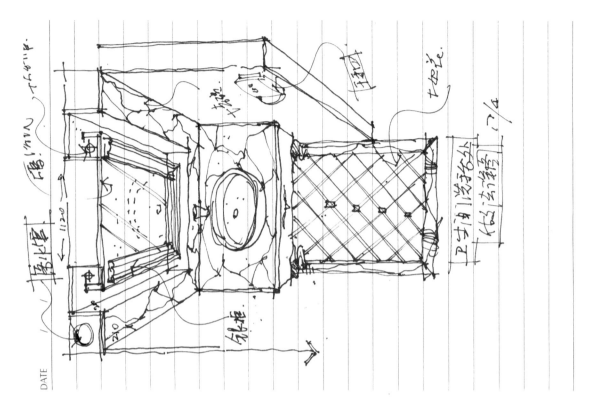

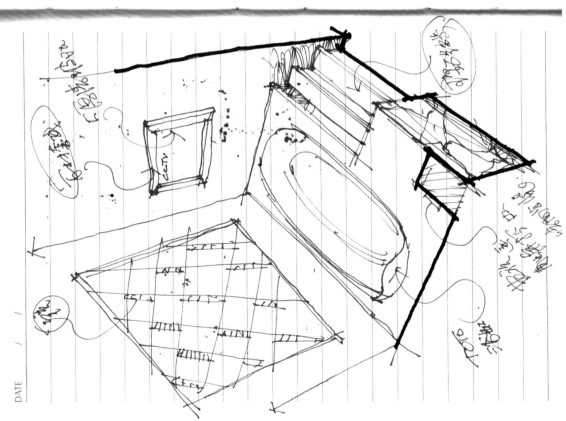

图5-13-2 卫生间构造大样工程实例/孟现凯

第六节　室内空间效果图

透视效果图以其较为真实的描绘空间、三维立体的视觉效果，成为与甲方进行方案沟通时不可缺少的图纸。透视效果图可以非常直观地表现室内空间的造型形式、材料运用、整体色调，以及室内所用造型、材料、颜色、灯光等搭配在一起的效果，形象地体现设计理念。尤其可以帮助不懂设计平面图、立面图、剖面图的客户了解空间装修后的概况。在手绘效果图中，同样可以用文字对饰面材料、家具位置、装饰构件的形式、施工工艺等进行阐述说明。

一幅较好的效果图，应包含以下三点内容：

（1）科学、合理的透视关系，构图完整。

（2）室内设计造型新颖，符合客户实际需求，画面整体语言能够较好的表现设计理念。

（3）明暗处理得当，颜色搭配和谐，材料质感较强，用笔潇洒自然，上色技巧娴熟。

在进行手绘效果图时，要遵循一定的步骤和程序（以钢笔、马克笔表现为例）：

（1）根据设计需求和透视规律，画出较为准确的透视线稿，线稿不需要非常充分，但大致的基调和线条的感觉要画出来。

（2）用灰色的马克笔，定出画面大的色彩、明暗基调。

（3）用马克笔塑造画面形体和材料质感。

（4）深入刻画，调整完成。

图5-14是客厅手绘方案图，画面中线条流畅、肯定，马克笔用笔果断，点、线、面的处理非常到位，整幅作品看起来相当具有表现力。

图5-15是卧室空间设计方案手绘图，画面主要运用马克笔来表现，线条流畅，颜色采用暖色系，符合卧室的色彩需求。方案中对造型和材料进行了大量的文字说明，能让客户更详细地了解方案细节。

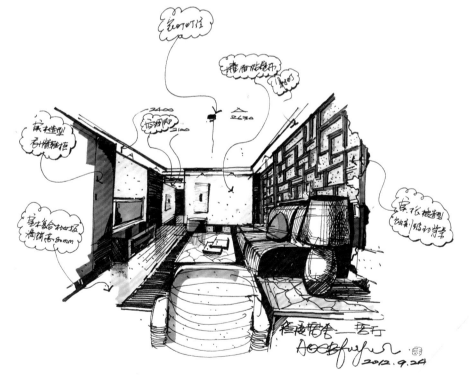

图5-14 客厅室内设计手绘方案/孟现凯

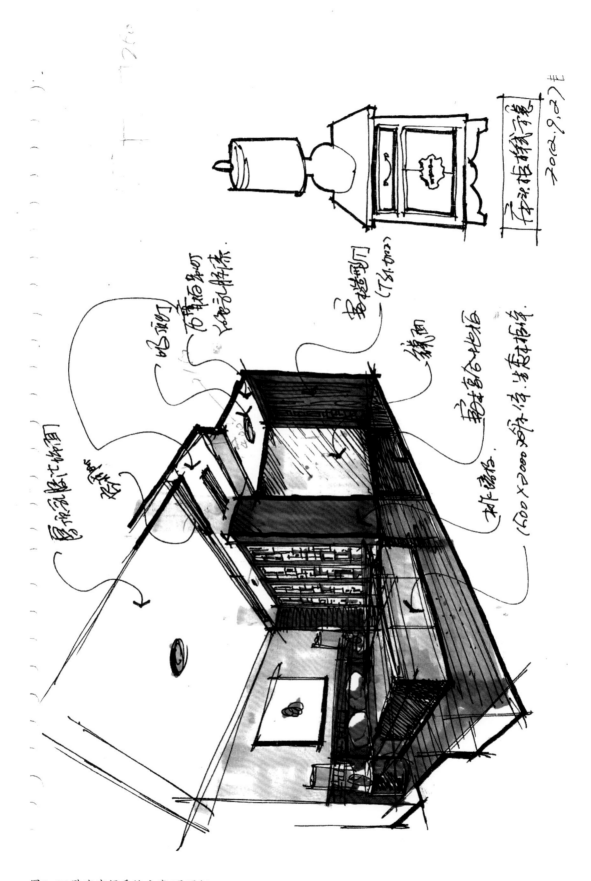

图5-15 卧室空间手绘方案/孟现凯

第七节 室内空间快速表现综合案例

一、家居空间设计（图5-16、图5-17）

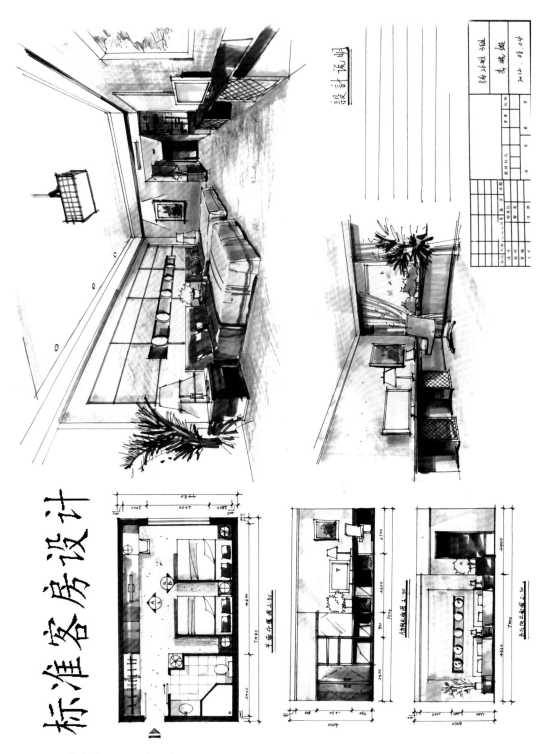

图5-16 标准客房快题设计方案效果图

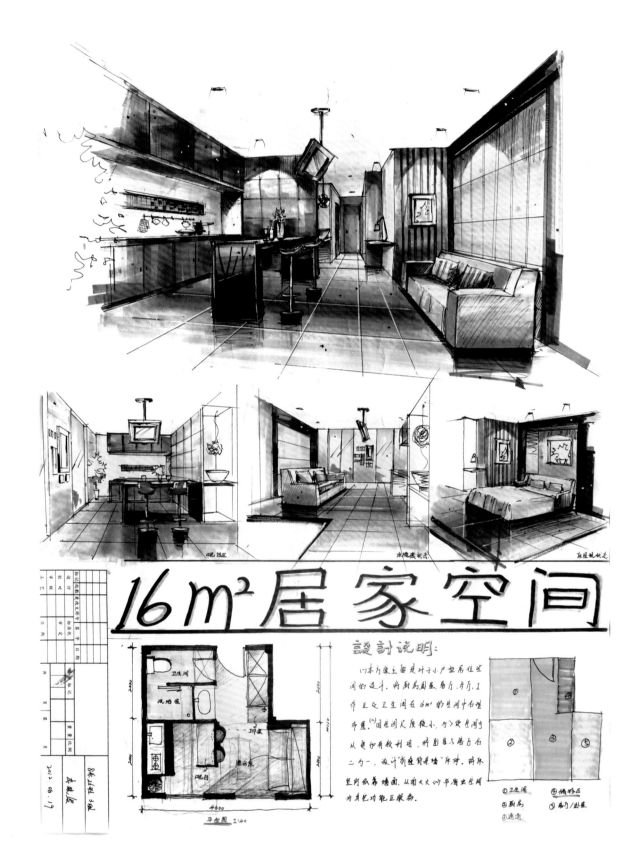

图5-17 小空间家居空间快题设计方案效果图

二、公共空间设计（图5-18、图5-19）

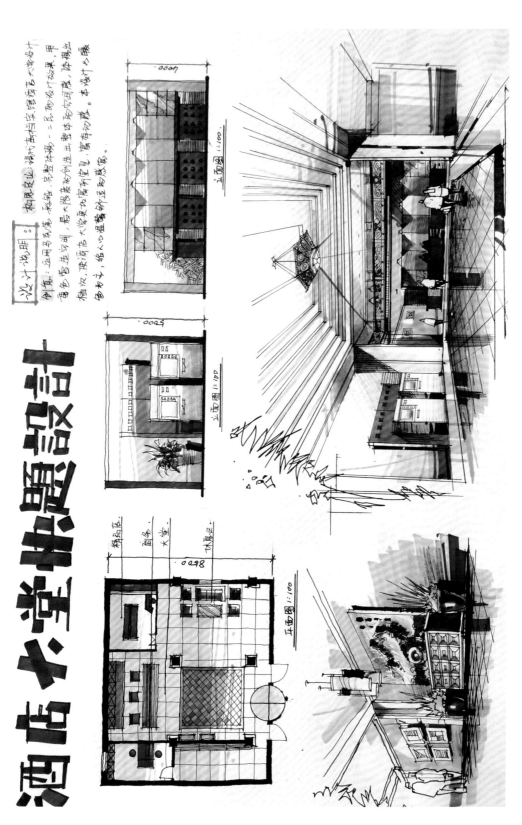

图5-18 酒店大堂快题设计方案效果图

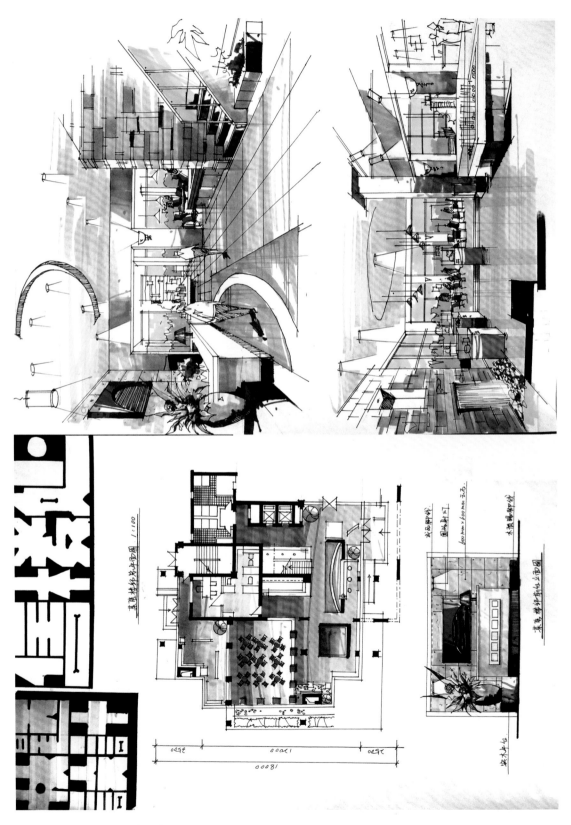

图5-19 售楼处快题设计方案效果图

三、休闲空间设计（图5-20～图5-23）

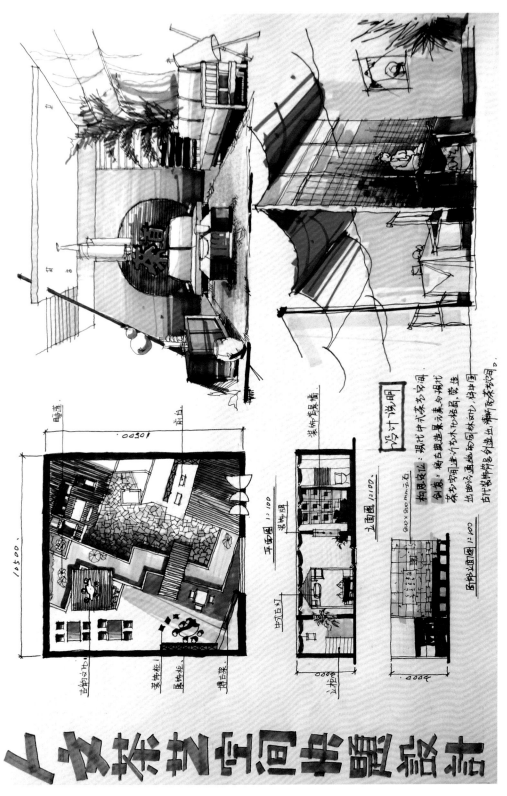

图5-20 休闲茶艺空间快题设计方案效果图

图5-21 咖啡厅快题设计方案效果图

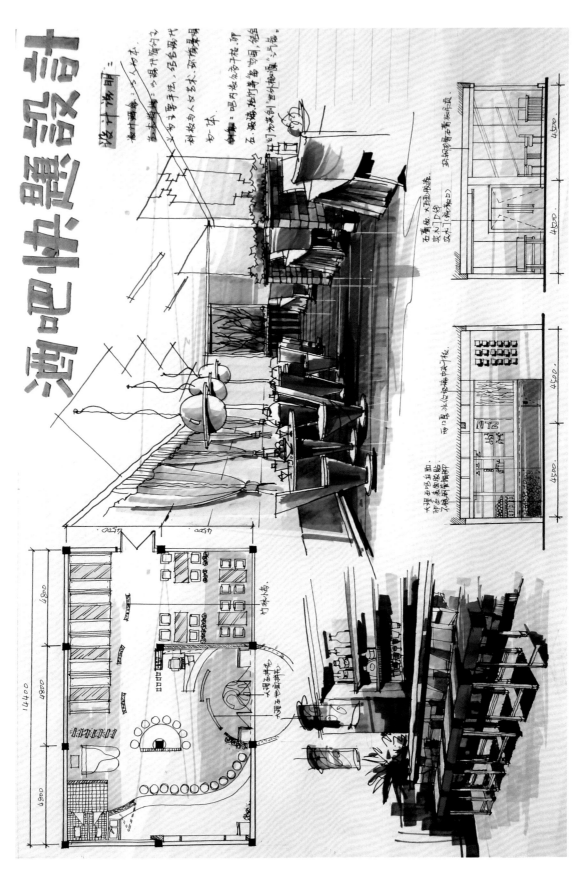

图5-22 酒吧快题设计方案效果图（1）

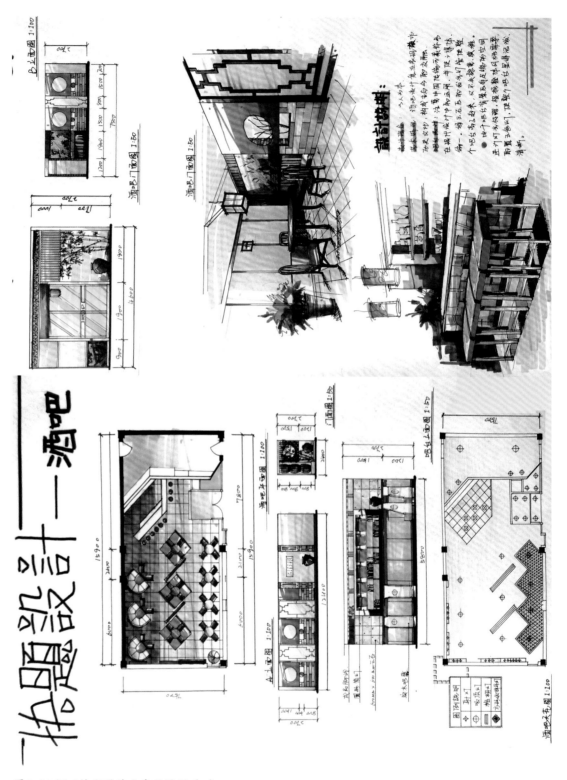

图5-23 酒吧快题设计方案效果图（2）

四、餐饮空间设计（图5-24～图5-27）

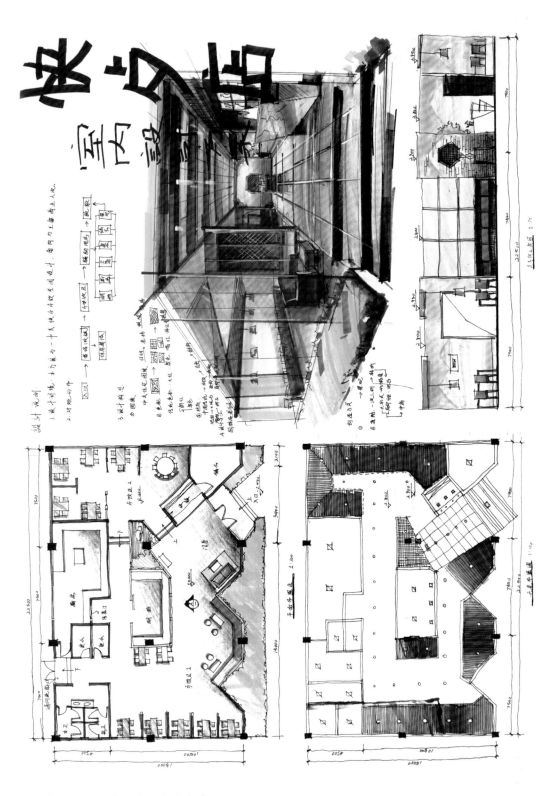

图5-24 餐厅快题设计方案效果图（1）

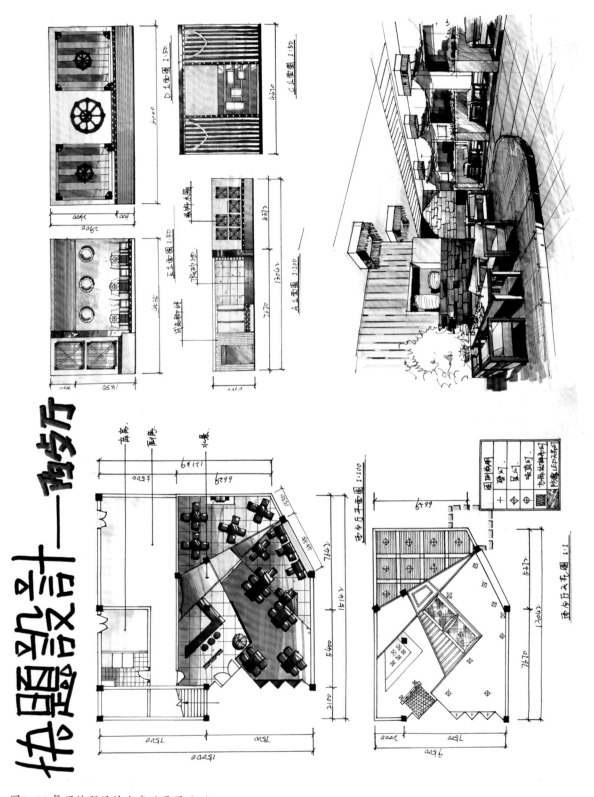

图5-25 餐厅快题设计方案效果图（2）

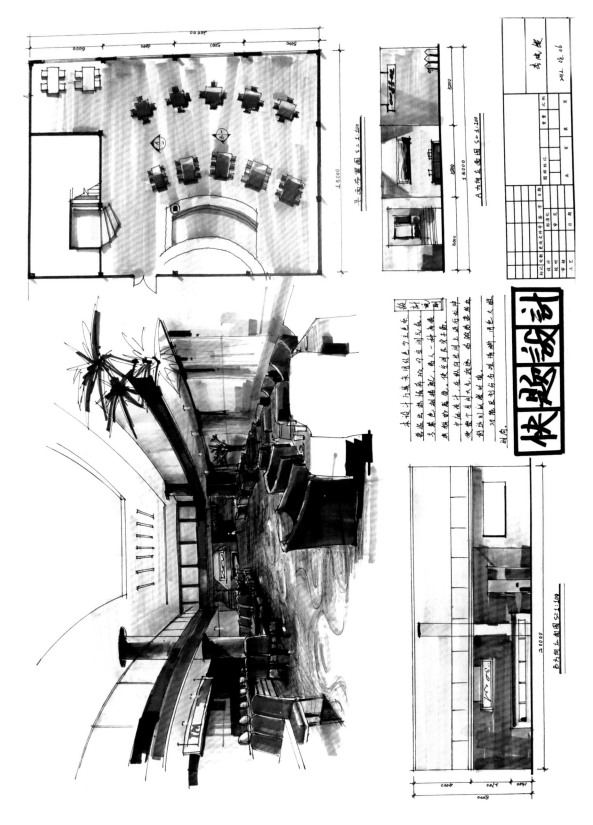

图5-26 餐厅快题设计方案效果图（3）

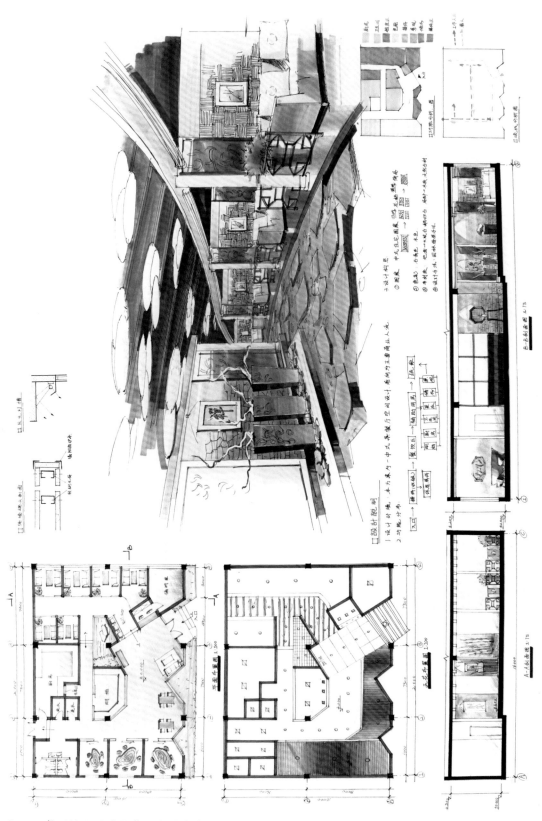

图5-27 餐厅快题设计方案效果图（4）

五、展示空间设计（图5-28、图5-29）

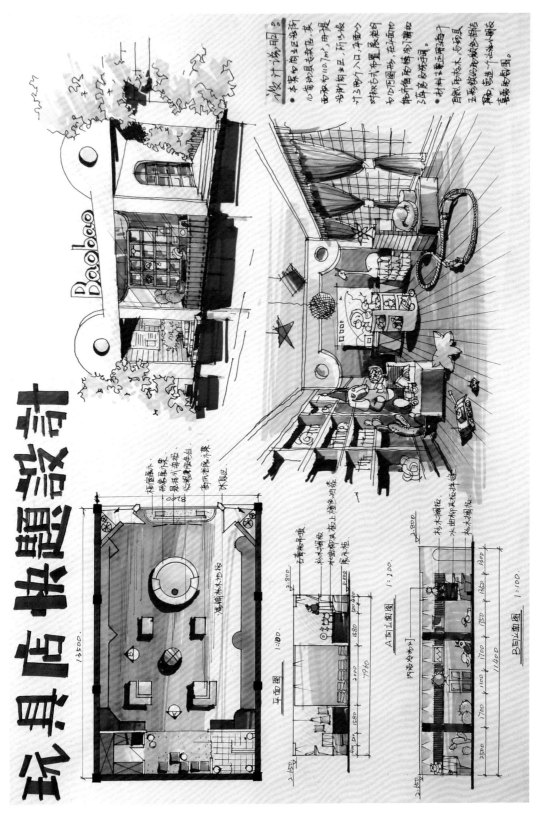

图5-28 玩具店快题设计方案效果图

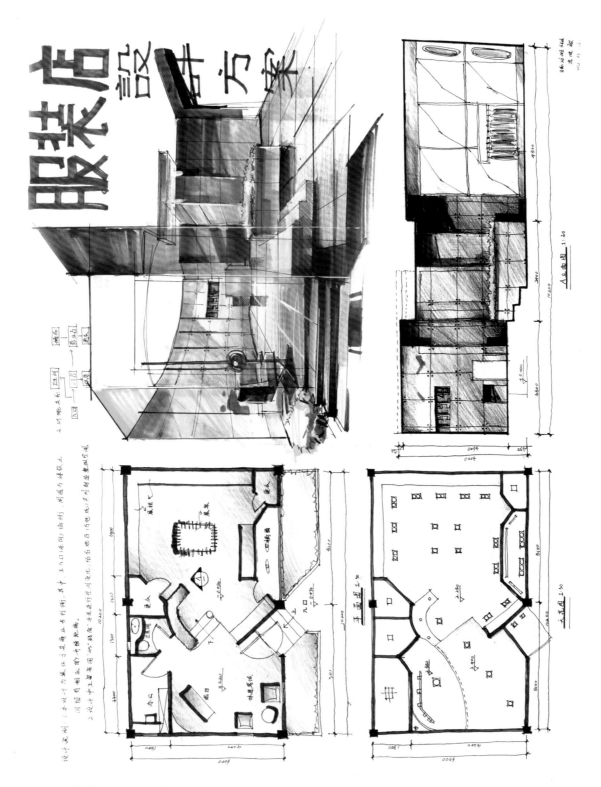

图5-29 服装店快题设计方案效果图

第八节 优秀作品选登

图5-30 用笔流畅，质感表现生动、准确/周长亮

图5-31 画面中笔触运用果断、大胆，色彩鲜亮、对比强烈/周长亮

图5-32 多种工具结合使用，颜色搭配大胆漂亮/周长亮

图5-33 多种工具的运用，较为充分地塑造了空间的形体元素和氛围

图5-34 透视准确，色彩搭配协调，光感强

图5-35　色调统一，对比协调，画面整体效果较好/庄宇

图5-36　画面中笔触运用果断，质感表现好，光感强/庄宇

图5-37 多种工具综合运用，很好地表现了空间理念/庄宇

5-38 色彩叠加使用，很好地体现了空间层次/庄宇

5-39 细节刻画生动逼真，用笔灵活多变/庄宇

后 记

　　"室内空间手绘艺术思维与表现"是普通高校建筑类环境设计专业的一门基础课程。本书根据当前教学改革与应用实践的需求，着眼于使学生认识实践和有效的运用，且为艺术院校的环境设计系列学习建筑装饰、室内设计、景观设计方向的学生奠定良好的基础。本书涵盖了环境设计表现综合知识，所运用的设计与表现技法具有科学性、实用性与艺术性。

　　本书的编写特点是突出应用实践和表现语言的有机结合，加强以工程设计相关理念知识教学为导向，将教与学作为一体的技术能力的培养。因而，在研究规律性创意表现的基础上，针对技术材料和表现形式，充分运用肌理效果、构造工艺等美学原理组合创意空间，并赋予建筑空间设计环境美的性格特征。

　　环境设计属于建筑工程与艺术设计跨领域学科。作者具有多年的应用设计实践经验，本书是在多年的教学讲义和应用基础上的理论总结。作为专业教材呈现给大家，相信能够取得较好的应用效果，对空间环境艺术创意设计起到一定的应用与实践指导意义和参考价值。

　　在此，诚挚地感谢各位老师的大力支持。由于作者才疏学浅，难免存在谬误，以期互通有无，共同探讨，敬请广大读者给予指正。

编　者

2016年10月于济南

参考文献

［1］《建筑画》编辑组.建筑画［M］.北京：中国建筑工业出版社，1990.

［2］曾昭奋，贾东东.当代中国建筑画名家作品集［M］.香港：建筑与城市出版社，1991.

［3］郑曙旸.室内表现图实用技法［M］.北京：中国建筑工业出版社，1991.

［4］张林.建筑室内画选［M］.北京：中国建筑工业出版社，1994.

［5］周长亮.环艺设计手绘表现［M］.北京：人民美术出版社，2012.

［6］周长亮.建筑室内外表现技法［M］.北京：中国电力出版社，2009.

［7］俞善庆，张小线，陈列，等.日本现代建筑画选室内［M］.北京：中国建筑工业出版社，1991.

［8］迁田博.建筑画着色技巧［M］.徐顺法，译.北京：中国建筑工业出版社，1991.

［9］久世利郎.建筑商业外装［M］.东京：东京株式会社，1990.

［10］德皮克.美国建筑画2［M］.李迪悃，译.北京：中国建筑工业出版社，1991.